水利水电工程施工技术全书

第三卷　混凝土工程

第十册

混凝土缺陷处理

戈文武　等　编著

中国水利水电出版社
www.waterpub.com.cn
·北京·

内 容 提 要

本书是《水利水电工程施工技术全书》第三卷《混凝土工程》中的第十册，本书系统阐述了当前水利水电工程施工中常见的混凝土缺陷类型、成因及检查方法。主要内容包括：综述，缺陷处理措施及工艺，裂缝，局部欠密实及局部架空，低强混凝土，结构体渗漏，表面不平整缺陷等。

本书可作为水利水电工程施工领域的工程技术人员、工程管理人员和高级技术工人的工具书，也可供从事水利水电工程科研、设计、建设及运行管理和相关企事业单位的工程技术人员、工程管理人员使用，并可作为大专院校水利水电工程及机电专业师生教学参考书。

图书在版编目（CIP）数据

混凝土缺陷处理 / 戈文武等编著. -- 北京 : 中国水利水电出版社, 2017.1(2022.6重印)
（水利水电工程施工技术全书. 第三卷, 混凝土工程; 第十册）
ISBN 978-7-5170-5184-8

Ⅰ. ①混… Ⅱ. ①戈… Ⅲ. ①混凝土－缺陷－处理 Ⅳ. ①TU755.7

中国版本图书馆CIP数据核字(2017)第027444号

书 名	水利水电工程施工技术全书 **第三卷 混凝土工程** **第十册 混凝土缺陷处理** HUNNINGTU QUEXIAN CHULI
作 者	戈文武 等 编著
出版发行	中国水利水电出版社 （北京市海淀区玉渊潭南路1号D座 100038） 网址：www.waterpub.com.cn E-mail：sales@mwr.gov.cn 电话：（010）68545888（营销中心）
经 售	北京科水图书销售有限公司 电话：（010）68545874、63202643 全国各地新华书店和相关出版物销售网点
排 版	中国水利水电出版社微机排版中心
印 刷	清淞永业（天津）印刷有限公司
规 格	184mm×260mm 16开本 7.5印张 178千字
版 次	2017年1月第1版 2022年6月第2次印刷
印 数	3001—4500册
定 价	**32.00**元

《水利水电工程施工技术全书》
编审委员会

《水利水电工程施工技术全书》
各卷主（组）编单位和主编（审）人员

卷序	卷名	组编单位	主编单位	主编人	主审人
第一卷	地基与基础工程	中国电力建设集团（股份）有限公司	中国电力建设集团（股份）有限公司 中国水电基础局有限公司 葛洲坝基础公司	宗敦峰 肖恩尚 焦家训	谭靖夷 夏可风
第二卷	土石方工程	中国人民武装警察部队水电指挥部	中国人民武装警察部队水电指挥部 中国水利水电第十四工程局有限公司 中国水利水电第五工程局有限公司	梅锦煜 和孙文 吴高见	马洪琪 梅锦煜
第三卷	混凝土工程	中国电力建设集团（股份）有限公司	中国水利水电第四工程局有限公司 中国葛洲坝集团有限公司 中国水利水电第八工程局有限公司	席　浩 戴志清 涂怀健	张超然 周厚贵
第四卷	金属结构制作与机电安装工程	中国能源建设集团（股份）有限公司	中国葛洲坝集团有限公司 中国电力建设集团（股份）有限公司 中国葛洲坝建设有限公司	江小兵 付元初 张　晔	付元初
第五卷	施工导（截）流与度汛工程	中国能源建设集团（股份）有限公司	中国能源建设集团(股份)有限公司 中国葛洲坝集团有限公司 中国水利水电第八工程局有限公司	周厚贵 郭光文 涂怀健	郑守仁

《水利水电工程施工技术全书》
第三卷《混凝土工程》
编委会

《水利水电工程施工技术全书》
第三卷《混凝土工程》
第十册《混凝土缺陷处理》
编写人员名单

主　　编：戈文武

审　　稿：朱明星

编写人员：朱志坚　龚前良　徐　升　陈　刚
胡必强　陈春雷　熊刘斌　杨忠兴
向旭辉

序　一

水利水电工程建设在我国作为一项基础建设事业，已经走过了近百年的历程，这是一条不平凡而又伟大的创业之路。

新中国成立66年来，党和国家领导一直高度重视水利水电工程建设，水电在我国已经成为了一种不可替代的清洁能源。我国已经成为世界上水电装机容量第一位的大国，水利水电工程建设不论是规模还是技术水平，都处于国防领先或先进水平，这是几代水利水电工程建设者长期艰苦奋斗所创造出来的。

改革开放以来，特别是进入21世纪以后，我国的水利水电工程建设又进入了一个前所未有的高速发展时期。到2014年，我国水电总装机容量突破3亿kW，占全国电力装机容量的23%。发电量也历史性地突破31万亿kW·h。水电作为我国当前重要的可再生能源，为我国能源电力结构调整、温室气体减排和气候环境改善做出了重大贡献。

我国水利水电工程建设在新技术、新工艺、新材料、新设备等方面都取得了突破性的进展，无论是技术、工艺，还是在材料、设备等方面，都取得了令人瞩目的成就，它不仅推动了技术创新市场的活跃和发展，也推动了水利水电工程建设的前进步伐。

为了对当今水利水电工程施工技术进展进行科学的总结，及时形成我国水利水电工程施工技术的自主知识产权和满足水利水电建设事业的工作需要，全国水利水电施工技术信息网组织编撰了《水利水电工程施工技术全书》。该全书编撰历时5年，在编撰过程中组织了一大批长期工作在工程建设一线的中青年技术负责人和技术骨干执笔，并得到了有关领导、知名专家的悉心指导和审定，遵循“简明、实用、求新”的编撰原则，立足于满足广大水利水电工程技术人员的实际工作需要，并注重参考和指导价值。该全书内容涵盖了水利水电工程建设地基与基础工程、土石方工程、混凝土工程、金属结构制作与机电安装工程、施工导（截）流与度汛工程等内容的目标任务、原理方法及工程实例，既有理论阐述，又有实例介绍，重点突出，图文并茂，针对性及可操作性强，对今后的水利水电工程建设施工具有重要指导作用。

《水利水电工程施工技术全书》是对水利水电施工技术实践的总结和理论提炼，是一套具有权威性、实用性的大型工具书，为水利水电工程施工“四新”技术成果的推广、应用、继承、创新提供了一个有效载体。为大力推动水利水电技术进步和创新，推进中国水利水电事业又好又快地发展，具有十分重要的现实意义和深远的科技意义。

水利水电工程是人类文明进步的共同成果，是现代社会发展对保障水资源供给和可再生能源供应的基本需求，水利水电工程施工技术在近代水利水电工程建设中起到了重要的推动作用。人类应对全球气候变化的共识之一是低碳减排，尽可能多地利用绿色能源就成为重要选择，太阳能、风能及水能等成为首选，其中水能蕴藏丰富、可再生性、技术成熟、调度灵活等特点成为最优的绿色能源。随着水利水电工程建设与管理技术的不断发展，水利水电工程，特别是一些高坝大库能有效利用自然条件、降低开发运行成本、提高水库综合效能，高坝大库的（高度、库容）记录不断被刷新。特别是随着三峡、拉西瓦、小湾、溪洛渡、锦屏、向家坝等一批大型、特大型水利水电工程相继建成并投入运行，标志着我国水利水电工程技术已跨入世界领先行列。

近年来，我国水利水电工程施工企业积极实施走出去战略，海外市场开拓业绩突出。目前，我国水利水电工程施工企业在亚洲、非洲、南美洲多个国家承建了上百个水利水电工程项目，如尼罗河上的苏丹麦洛维水电站、号称“东南亚三峡工程”的马来西亚巴贡水电站、巨型碾压混凝土坝泰国科隆泰丹水利工程、位居非洲第一水利枢纽工程的埃塞俄比亚泰克泽水电站等，“中国水电”的品牌价值已被全球业内所认可。

《水利水电工程施工技术全书》对我国水利水电施工技术进行了全面阐述。特别是在众多国内外大型水利水电工程成功建设后，我国水利水电工程施工人员创造出一大批新技术、新工法、新经验，对这些内容及时总结并公开出版，与全体水利水电工作者分享，这不仅能促进我国水利水电行业的快速发展，提高水利水电工程施工质量，保障施工安全，规范水利水电施工行业发展，而且有助于我国水利水电行业走进更多国际市场，展示我国水利水电行业的国际形象和实力，提高我国水利水电行业在国际上的影响力。

该全书的出版不仅能提高水利水电工程施工的技术水平，而且有助于提高我国水利水电行业在国内、国际上的影响力，我在此向广大水利水电工程建设者、工程技术人员、勘测设计人员和在校的水利水电专业师生推荐此书。

孙洪水

2015年4月8日

序　二

《水利水电工程施工技术全书》作为我国水利水电工程技术综合性大型工具书之一，与广大读者见面了！

这是一套非常好的工具书，它也是在《水利水电工程施工手册》基础上的传承、修订和创新。集中介绍了进入21世纪以来我国在水利水电施工领域从施工地基与基础工程、土石方工程、混凝土工程、金属结构制作与机电安装工程、施工导（截）流与度汛工程等方面采用的各类创新技术，如信息化技术的运用：在施工过程模拟仿真技术、混凝土温控防裂技术与工艺智能化等关键技术，应用了数字信息技术、施工仿真技术和云计算技术，实现工程施工全过程实时监控，使现代信息技术与传统筑坝施工技术相结合，提高了混凝土施工质量，简化了施工工艺，降低了施工成本，达到了混凝土坝快速施工的目的；再如碾压混凝土技术在国内大规模运用：节省了水泥，降低了能耗，简化了施工工艺，降低了工程造价和成本；还有，在科研、勘察设计和施工一体化方面，数字化设计研究面向设计施工一体化的三维施工总布置、水工结构、钢筋配置、金属结构设计技术，推广复杂结构三维技施设计技术和前期项目三维枢纽设计技术，形成建筑工程信息模型的协同设计能力，推进建筑工程三维数字化设计移交标准工程化应用，也有了长足的进步。因此，在当前形势下，编撰出一部新的水利水电施工技术大型工具书非常必要和及时。

随着水利水电工程施工技术的不断推进，必然会给水利水电施工带来新的发展机遇。同时，也会出现更多值得研究的新课题，相信这些都将对水利水电工程建设事业起到积极的促进作用。该全书是当今反映水利水电工程施工技术最全、最新的系列图书，体现了当前水利水电最先进的施工技术，其中多项工程实例都是曾经创造了水利水电工程的世界纪录。该全书总结的施工技术具有先进性、前瞻性，可读性强。该全书的编者们都是参加过我国大型水利水电工程的建设者，有着非常丰富的各专业施工经验。他们以高度的社会责任感和使命感、饱满的工作热情和扎实的工作作风，大力发展和创新水电科学技术，为推进我国水利水电事业又好又快地发展，做出了新的贡献！

近年来，我国水利水电工程建设快速发展，各类施工技术日臻成熟，相继建成了三峡、龙滩、水布垭等具有代表性的水电工程，又有拉西瓦、小湾、溪洛渡、锦屏、糯扎渡、向家坝等一批大型、特大型水电工程，在施工过程中总结和积累了大量新的施工技术，尤其是混凝土温控防裂的施工方法在三峡水利枢纽工程的成功应用，高寒地区高拱坝冬季施工综合技术在拉西瓦等多座水电站工程中的应用……，其中的多项施工技术获得过国家发明专利，达到了国际领先水平，为今后水利水电工程施工提供了参考与借鉴。

目前，我国水利水电工程施工技术已经走在了世界的前列，该全书的出版，是对我国水利水电工程建设领域的一大贡献，为后续在水利水电开发，例如金沙江上游、长江上游、通天河、黄河上游的水电开发、南水北调西线工程等建设提供借鉴。该全书可作为工具书，为广大工程建设者们提供一个完整的水利水电工程施工理论体系及工程实例，对今后水利水电工程建设具有指导、传承和促进发展的显著作用。

《水利水电工程施工技术全书》的编撰、出版是一项浩繁辛苦的工作，也是一项具有创造性的劳动过程，凝聚了几百位编、审人员近5年的辛勤劳动，克服各种困难。值此该全书出版之际，谨向所有为该全书的编撰给予关心、支持以及为此付出了辛勤劳动的领导、专家和同志们表示衷心的感谢！

2015年4月18日

前 言

由全国水利水电施工技术信息网组织编写的《水利水电工程施工技术全书》第三卷《混凝土工程》共分为十二册，《混凝土缺陷处理》为第十册，由中国葛洲坝集团第二工程有限公司编写。

土木工程建筑物所处的环境都较为复杂，混凝土存在缺陷是常态。工程实践证明，各类混凝土缺陷都是可以修补的。通过调查查明缺陷发生原因，并对其分类，“对症下药”处理或修补后，混凝土结构一般能满足设计要求和恢复结构的正常工作性能。

本册依托葛洲坝、三峡、东江、紧水滩、柘溪和丹江口等水利枢纽工程混凝土缺陷处理情况，主要从混凝土缺陷的种类及成因谈起，阐述了混凝土缺陷处理的措施及工艺、处理的主要方法，展示了近年来我国在混凝土缺陷处理等应用方面的新成果、新思路、新方法和新措施；并收集了几个典型的混凝土缺陷处理施工实例。参考了《水利水电工程施工手册》《水利水电工程施工组织设计手册》《水利水电工程施工组织设计指南》《三峡工程施工技术》《水利水电施工工程师手册》等书籍及相关工法、论文等。

本册的编写人员都是长期从事水利水电工程施工的技术人员，有很深的理论研究功底和丰富的实践经验。在编写过程中，得到了水利水电工程技术专家傅华的悉心指导。在此，对关心、支持、帮助过本书编写、出版、发行的专家、领导、技术工作人员表示衷心的感谢。

由于我们收集、掌握的资料和专业技术水平有限，不足之处，敬请广大读者提出宝贵意见。

作者

2016 年 5 月

目　录

1 综　　述

由于水电工程建筑物所处环境的复杂性，以及在施工中对混凝土质量控制不当或对其认识不够，不同时期所修建的各类水电工程建筑物的混凝土，大都存在这样或那样的缺陷。这些缺陷的存在，轻则影响建筑物的外观，降低其耐久性，重则危及建筑物的安全运行，甚至酿成事故，给人类带来灾难。因此，水电工程建筑物在建设过程中应当始终坚持“质量第一”，贯彻“预防为主”的方针，尽量减少和避免各类混凝土缺陷的发生。一旦发现混凝土存在缺陷，则应认真进行修补。工程实践证明，各类混凝土缺陷都是可以修补的。通过对混凝土缺陷进行必要的调查，查明缺陷发生原因，并对其进行分类，经过“对症下药”的修补后，一般能满足设计要求和恢复结构的正常工作性能。

1.1　混凝土缺陷及成因

水工混凝土缺陷，包括水工建筑物由于设计、施工、自然环境等因素所引起的各类混凝土质量问题，如混凝土裂缝、混凝土局部欠密实或局部架空、低强混凝土、渗漏及过流面不平整、混凝土预制构件缺陷的成因等。

1.1.1　裂缝

当混凝土（或局部界面）由于荷载超限、干缩等原因产生的拉应力大于其抗拉强度、混凝土拉伸变形大于其极限拉伸变形时，混凝土就会产生裂缝。按裂缝产生的原因不同，可以分为温度裂缝、干缩裂缝、结构裂缝（结构应力集中处发生）、不均匀沉陷（包括基础不均匀沉陷）裂缝、荷载（超载）裂缝、约束（老混凝土及基础约束）裂缝、原材料裂缝（碱骨料反应及水泥不合格等），以及钢筋锈蚀所引发的保护层顺筋裂缝等。其中温度应力、周边约束和干缩拉应力是混凝土产生裂缝的最主要、最常见的原因。

1.1.2　混凝土局部欠密实和局部架空

在混凝土浇筑过程中，由于拌和物的缺陷、砂浆流失、混凝土骨料分离、欠振（漏振）、钢筋密集等原因，导致混凝土局部欠密实或局部架空。局部架空主要包括蜂窝、麻面、气泡、孔洞和露筋。一般出现在沿缝面部位、门槽、止水带、水轮机蜗壳下衬板、结构阴面或者钢筋密集部位。

1.1.3　低强混凝土

低强混凝土就是混凝土强度达不到设计强度，形成的主要原因如下：

（1）骨料或砂未清洗干净、未按照施工配合比配料、投料顺序不正确或者搅拌时间不够等。

（2）骨料（尤其是细骨料）含水率增加而没有及时检测，因而没有及时减少混凝土配合比中的用水量，导致水灰比增加；在出机口混凝土拌和物中加水、混凝土入仓过程中骨料分离或者欠振、漏振等。

（3）高温、低温条件下浇筑混凝土时，仓内未做好温控措施，所浇混凝土冷却（预热）或养护不够。

（4）低仓位浇筑混凝土时，由高浇筑块或周边有水流入仓面，使仓面实际配合发生改变。

1.1.4 渗漏

渗漏产生的原因主要有三种类型：

（1）结构缝失效（止水失效或漏埋、浇空、沥青井失效）。

（2）裂缝渗漏。

（3）架空混凝土与库水连通，因混凝土不密实而造成的渗漏。

1.1.5 过流面不平整

过流面不平整主要指因测量放线误差和模板错动所引起的结构轮廓线误差，表面错台、陡坎（由模板接缝引发）、挂帘、蜂窝和残留砂浆块、钢筋头等。同时，有可能会造成表面空蚀和冲磨破坏。

1.1.6 混凝土预制构件裂缝的成因

（1）混凝土预制构件裂缝的成因。混凝土预制构件裂缝是最常见的一种质量缺陷，多由养护不力、模板变形、构件超载、吊运不当及环境影响等因素造成。

（2）混凝土预制构件不密实的成因。预制构件混凝土不密实的表现形式有架空、蜂窝麻面等。其主要原因有混凝土在浇筑或凝固过程中的骨料分离、欠振、漏振、模板变形以及脱模不当等。

1.2 缺陷的性质及危害

1.2.1 缺陷的性质

根据混凝土缺陷对建筑物结构性能和使用功能影响的严重程度，缺陷可分为严重缺陷和一般缺陷。严重缺陷主要包括以下内容：

（1）在混凝土结构的主要受力部位产生的缺陷。

（2）对混凝土结构的性能产生影响的缺陷。

（3）影响到混凝土结构的使用功能的缺陷等。

一般缺陷是指对结构的性能不产生影响、也不影响到结构的使用功能，并位于结构的次要部位的缺陷。

1.2.2 缺陷的危害

要根据缺陷的成因、结构的使用功能和所处的环境条件综合考虑，拟定切实可行的处理措施。主要的修补措施有两种：一是采取封堵措施，包括采用水泥浆、聚合物水泥改性材料、聚合物材料等进行裂缝灌浆、嵌缝防渗等；二是采取补强加固处理，包括加大结构物截面、采用钢板补强及高性能材料（复合型材料、聚合物材料等）进行补强加固。混凝土缺陷处理要制定专门的工艺措施，经过专家论证，必要时须经原设计单位进行设计验证后，方能予以实施。

混凝土缺陷主要有低强、局部架空（主要包括蜂窝、麻面、气泡、孔洞和露筋）、掉角、过流面不平整和裂缝等，其危害为：

（1）低强使混凝土建筑物或构件达不到设计要求，不能完成该工程或构件的使命。

（2）局部架空（主要包括蜂窝、麻面、气泡、孔洞和露筋等）表明混凝土不密实，降低了混凝土的强度，使实际受力截面受到削弱，承载能力降低。

（3）麻面蜂窝会降低构件的抗裂度，容易渗水、漏水，受力钢筋易于腐蚀，露筋影响钢筋与混凝土的黏结力，使钢筋生锈。

（4）露筋使钢筋与混凝土失去黏结，造成钢筋锈蚀而失去加筋的作用。

（5）混凝土出现蜂窝、孔洞等缺陷，是造成地下工程及屋面工程渗漏的主要原因，影响建筑物或构筑物的正常使用。

（6）麻面蜂窝表示混凝土表面粗糙不平，容易发生各种化学物理作用，从而破坏构件的表面，且外界水分或有害气体、液体容易侵入，混凝土抗腐蚀能力和护筋性能显著降低，缩短构件的寿命。

（7）混凝土裂缝会造成渗漏，使混凝土失去防渗的作用。

（8）混凝土预制构件的贯穿性裂缝，使构件的整体性遭到破坏，构件内部受力钢筋腐蚀，严重削弱构件承载能力。

（9）不密实的混凝土预制构件直接影响构件的外观、承载力和耐久性能，甚至危及使用安全。

（10）过流面不平整，过流时混凝土面就会产生气蚀现象，从而破坏混凝土建筑物。

1.3 缺陷处理的原则

1.3.1 一般原则

混凝土缺陷处理的一般原则是尽量恢复混凝土构件或建筑物的设计轮廓尺寸，使其强度和功能达到设计的要求。

1.3.2 专项原则

（1）层间缝和结构缝错台、挂帘处理。混凝土两层间缝和结构缝错台、挂帘处理先铲除错台形成的漏浆挂帘，然后对形成错台的部位，进行打磨处理，打磨后的混凝土面与周边混凝土平顺衔接。错台形成的毛面，涂抹一道环氧基液后，表面用环氧胶泥抹平；错台形成的架空，进行凿槽处理，槽内采用预缩砂浆修补抹平。

（2）模板印痕处理。

1）模板胀鼓造成的凸出印痕，采用打磨的方式进行处理，经打磨后混凝土面与周边混凝土平顺衔接。

2）模板拼缝不严漏浆形成的砂线，砂线内部填补预缩砂浆，表面用环氧砂浆或胶泥修补抹平。

3）拆除模板过程中形成的毛面，涂抹一道环氧基液后，表面用环氧胶泥抹平。

（3）混凝土表面出露钢筋头和金属预埋件的处理。

1）手持砂轮机紧贴混凝土面从两个方向打坡口切入混凝土将拉筋头割除。

2）预埋件尺寸较大，将四周混凝土凿除，凿除混凝土时尽量减少凿挖范围，距混凝土面2～3cm处割断钢筋头或金属预埋件。

3）预埋件切割后，在槽内采用环氧砂浆修补；未形成切槽的部位，涂一道环氧基液后，用环氧胶泥抹平。

4）钢筋等露头割除时，周围受到损伤混凝土，按其损面大小凿除掉损伤的混凝土，再涂一道环氧基液后，用环氧胶泥压实抹光。

（4）混凝土表面脱皮、破损混凝土表面脱皮，采用打磨的方式处理，打磨时注意与四周成型混凝土平顺过渡连接，磨至表面光滑平整。

（5）凹陷部位的修补。对凹陷部位通常采用填补的方法进行修补。填补材料比较多，一般包括预缩砂浆、水泥石英砂浆、水泥改性砂浆和环氧及高分子聚合物砂浆等。

（6）气泡处理视其缺陷深度和直径大小确定，直径小于5mm的气泡，原则上，可不作处理，若处于过流面则必须处理；为保证混凝土表面平顺，对表面进行必要的打磨处理后，用环氧胶泥刮平。直径大于5mm的气泡，将气泡空腔内的污垢和混凝土用高压水或风清除干净，喷灯烤干后，用环氧胶泥修补。气泡密集区以满补为宜，气泡不密集区采用点补，采用满刮修补时，不得在混凝土表面留下刮痕。

（7）架空混凝土处理原则是保证混凝土的完整性和结构强度达到设计要求。

（8）混凝土边角破损处理原则是保证混凝土的完整性。

（9）裂缝处理原则是保证混凝土的完整性、防渗性能和结构强度达到设计要求。

2 缺陷处理措施及工艺

2.1 缺陷处理措施

2.1.1 磨平

混凝土表面不平整，主要包括建筑物轮廓线误差、凸凹度超过设计允许值、接缝（包括模板缝）的错台、砂浆块、钢筋头和蜂窝、麻面及表面欠密实等。这种缺陷的存在使高速水流下泄时，有可能导致混凝土受空蚀破坏；或者当水流含沙时，有可能发生冲磨破坏；或者在两种力量的共同作用下，混凝土表面会加速破坏。对这类缺陷的修补原则是“多磨少补、宁磨不凿”。

（1）突出部位的处理。当突出部位高度在1cm以内时，一般采用砂轮磨平；当突出部位高度在1cm以上时，可以先用风镐或者手工凿除突出部位，并预留保护层0.5～1cm，再采用砂轮磨平。

（2）蜂窝、麻面的处理。对数量集中、超过相关规定的蜂窝、麻面，先将其进行凿除清洗干净后，填补砂浆压实抹平，填补砂浆的材料应根据工程情况仔细选用。

2.1.2 封堵

混凝土裂缝处理，首先要分析其产生裂缝的原因，然后结合建筑物的防水等级要求，根据裂缝的特点和防水材料性能及施工工艺，选择相应的防水材料和施工工艺。常见的裂缝处理方法有表层封堵、灌浆封堵。

（1）表层封堵。混凝土裂缝表层封堵主要是对裂缝表层缝隙进行处理，其主要施工方法有缝口凿槽嵌缝、缝口贴橡皮板和防渗层、缝口涂刷（喷涂）贴环氧玻璃丝布（防水涂料和土工膜）等。混凝土浇筑中，其层面产生的裂缝，为防止其向上层扩展，常采用铺设骑（跨）缝钢筋进行限裂处理。对于以防渗为主要目的而混凝土出现大面积裂缝的部位，也可以采用在防渗混凝土表面整体铺设沥青混凝土防渗层或者土工膜进行处理。

（2）灌浆封堵。建筑物混凝土裂缝内部补强最基本的方法是灌浆。灌浆封堵主要用于深层和贯穿性裂缝修补。根据孔隙大小和施工现场的渗漏情况，选择可灌性的灌浆材料进行灌浆处理，可最大限度地保护混凝土不受水的侵蚀。常用的裂缝灌浆材料有水泥（磨细水泥）和化学材料。以恢复结构物整体性为目的的灌浆，则常选用强度较高的环氧和甲基类浆液以及水溶性聚氨酯HW。

2.1.3 补强

补强的方法一般有：置换、修补、高分子浸渍、渗透结晶和灌浆等；对混凝土表面，尤其是过流面的补强，一般采用特殊砂浆进行补强；对混凝土内部质量缺陷通常采用灌浆的方法进行处理。

2.1.4 加固

混凝土的蜂窝、空洞、不密实及抗渗标号低等缺陷，会造成混凝土建筑物出现散渗或集中渗漏。其处理措施有：

对建筑物内部混凝土密实性差、裂缝孔隙比较集中的部位，可采用水泥或化学灌浆；对大面积的细微散渗或水头较小的部位，可采用表面涂抹防渗材料处理的办法；对集中射流的孔洞，如流速不大，可将孔洞凿毛后用快凝胶泥堵塞。如流速较大，可先用棉絮或麻丝楔入孔洞，以降低流速和减少漏水量，然后再进行堵塞；对大面积散渗，可修筑防渗墙或导水管；对涵洞壁很薄，漏水范围大，且缩小洞径不影响使用要求时，可采用内衬钢板、钢筋混凝土或预制钢筋混凝土块等进行处理。

混凝土建筑物的止水、结构缝加固，优先考虑采用热沥青进行补灌。当补灌沥青有困难或无效时，可采用化学灌浆。灌浆材料可用聚氨酯或丙凝浆液等，也可采用单液法灌浆，单液型水性聚氨酯注浆方法所用设备简单，施工容易。

2.1.5 浸渍

不论是垂直的还是水平的混凝土表面都可以进行浸渍处理。

首先在12～18h内保持140～150℃的加热温度进行干燥，而后用风扇冷却8h以上至常温，再用浸渍液在常压饱和浸渍12～18h，最后分两个阶段进行聚合，预聚合阶段温度60～70℃保持6h，聚合阶段温度95～105℃保持16h。

由于浸渍补强方法施工工艺较复杂，强度不足的高流速区面才用浸渍方法弥补。

2.1.6 封闭

封闭处理主要是针对混凝土预制构件的裂缝，或者是临水面的裂缝处理方法。

2.2 缺陷处理工艺

2.2.1 预缩砂浆

预缩砂浆主要用于混凝土蜂窝、麻面的处理及其他部位深度大于25mm以上的缺陷部位作为填坑材料，以减小环氧胶泥和环氧砂浆修补工程量，其施工工艺为：

（1）预缩砂浆初拟水灰比为0.3～0.4，水泥和中砂重量比为1∶2.2～1∶2.6，为提高预缩砂浆抗压强度等力学指标，可在砂浆配置时掺加8%～10%硅粉；采用预缩砂浆形成永久表面时，采用白水泥与混凝土同类水泥混合料作为胶凝材料，使拌制的预缩砂浆颜色与混凝土一致。

（2）制备预缩砂浆，以手握成团，且手上有湿痕而无水膜为宜。

（3）拌制好的砂浆应遮盖存放0.5～1.0h后使用，并要求在4h内用完。

（4）修补面先进行毛面处理并冲刷干净，并在修补前保持湿润，且无明显的积水。

（5）修补前，在基面涂一道厚1mm左右的水泥浆（水灰比0.4～0.45）。涂刷水泥浆液和填塞预缩砂浆交叉进行，以确保施工进度和施工质量。水泥浆液涂刷前，用棕刷清除混凝土面的微量粉尘，以确保基液的黏结强度。

(6) 填入预缩砂浆，用木槌拍打捣实直至表面出现浆液。砂浆按每层厚 4～5cm 铺料和捣实（捣实后厚度约 2～3cm），每层捣实到表面出现少量浆液为度。作为永久面时，用抹刀反复抹压至表面平整光滑、密实。

(7) 填补结束后保湿养护 7d。

(8) 外观控制：平整光滑，无龟裂，接缝横平竖直无错台，预缩砂浆修补混凝土蜂窝、麻面的施工工艺流程见图 2-1。

预缩砂浆修补部位内部质量：修补后砂浆强度达 $50kg/m^2$ 以上时（施工时抽样成型决定强度），用小锤敲击表面，声音清脆者合格，声音发哑者凿除后重新修补。

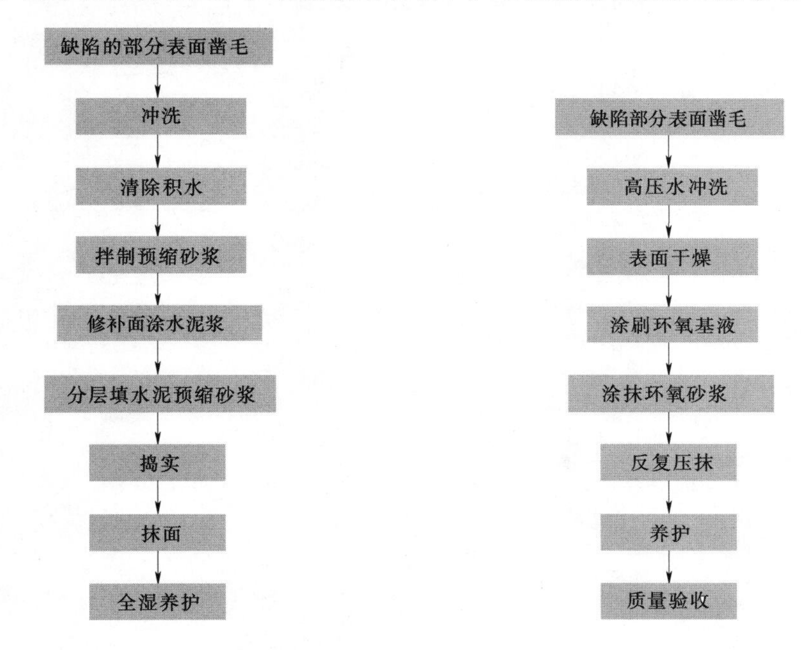

图 2-1 预缩砂浆修补混凝土蜂窝、麻面的施工工艺流程图

图 2-2 环氧砂浆修补混凝土蜂窝、麻面的施工工艺流程图

2.2.2 环氧砂浆

环氧砂浆修补混凝土蜂窝、麻面的施工工艺流程见图 2-2。

采用环氧胶泥或环氧砂浆作为永久面时，养护结束后风干，先涂一道环氧基液，后用环氧胶泥或压实抹光。

2.2.3 环氧基液、浆液修补

在确定混凝土表面无明显渗水且干燥的状态下，方可先涂环氧基液，再镶补环氧砂浆或胶泥。

环氧基液修补施工工艺流程见图 2-3。

修补前，在基面涂一道厚 1mm 左右的环氧基液。涂刷环氧液和修补环氧砂浆交叉进行，以确保施工进度和施工质量。

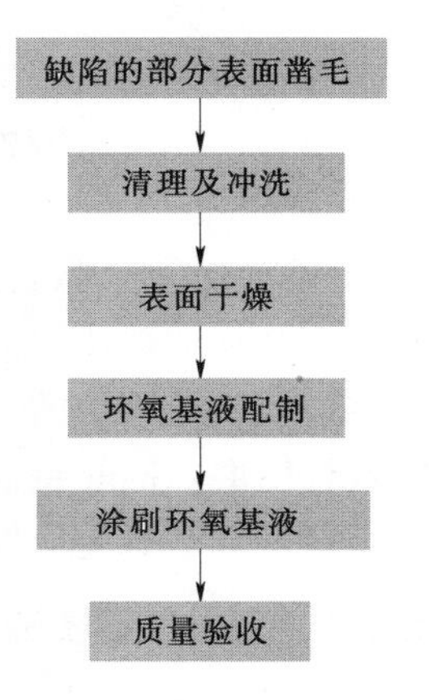

图 2-3 环氧基液修补施工工艺流程图

浆液配制百分比例为：

环氧树脂（E44）：二丁酯（DBP）：乙二胺（EDA）：丙酮（Acetone）＝100：10～15：5～10：8～10

二丁酯、丙酮用量可根据粉体材料用量来进行调整。

2.2.4 混凝土裂缝处理施工工艺

根据裂缝发生的原因及其对结构影响的程度，渗漏量大小和集中分散等情况，按照混凝土裂缝性状的不同，采用不同的施工处理工艺进行修复处理。

（1）表层封堵施工工艺。一般表层封堵施工工艺流程见图2-4。

（2）灌浆封堵施工工艺。一般灌浆封堵施工工艺流程见图2-5。

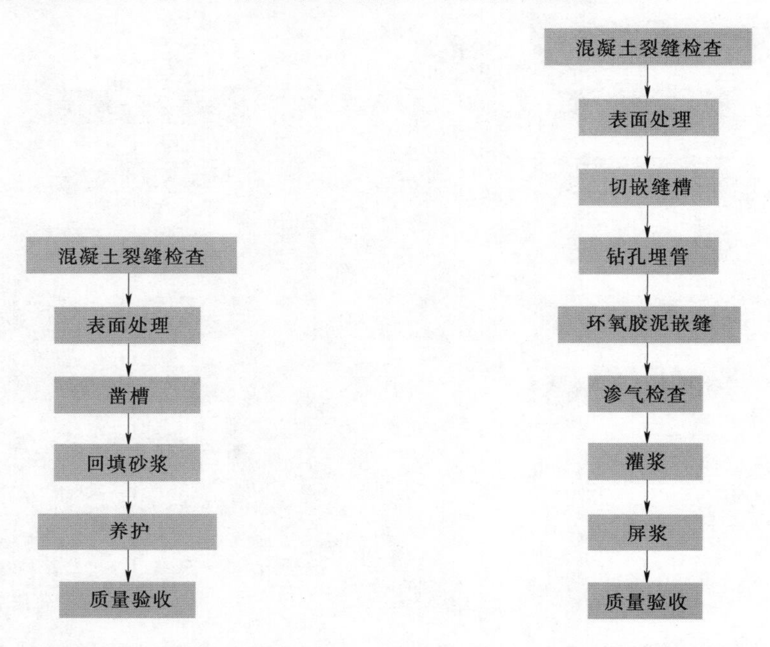

图2-4　一般表层封堵施工工艺流程图　　图2-5　一般灌浆封堵施工工艺流程图

2.2.5 麻布砂浆抹面施工工艺

麻布砂浆抹面施工工艺：

（1）用高压水清洗修补的部位，并保证修补面湿润。修补要遮阳，必要时需喷雾降温。

（2）现场拌制，将水泥、细砂按1：2的比例拌匀后，加水调制成稠乳状，用麻布黏浆液在修补的部位用力压抹，直至所有的缝隙均被完全填充。

（3）在抹面后的表面用同比例的干水泥细砂料均匀撒布后，再用干净的麻布对整个表面进行抹面，同时将修补区外多余的水泥细砂浆去掉。

（4）修补表面应保持72h湿润养护。麻布砂浆抹面施工工艺流程见图2-6。

2.2.6 高分子浸渍施工工艺

高分子混凝土表面浸渍施工工艺流程见图2-7。

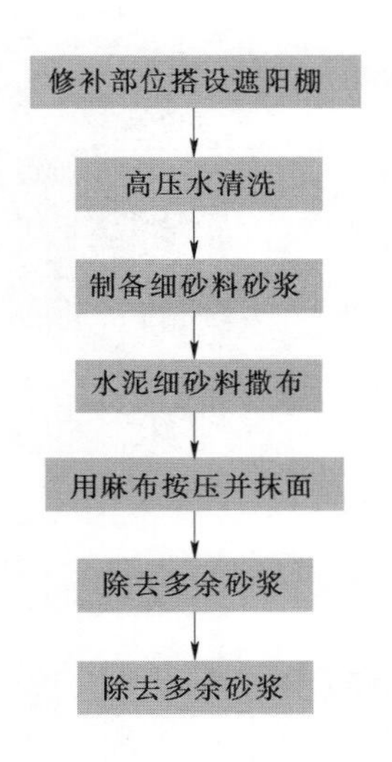

图 2-6　麻布砂浆抹面施工工艺流程图

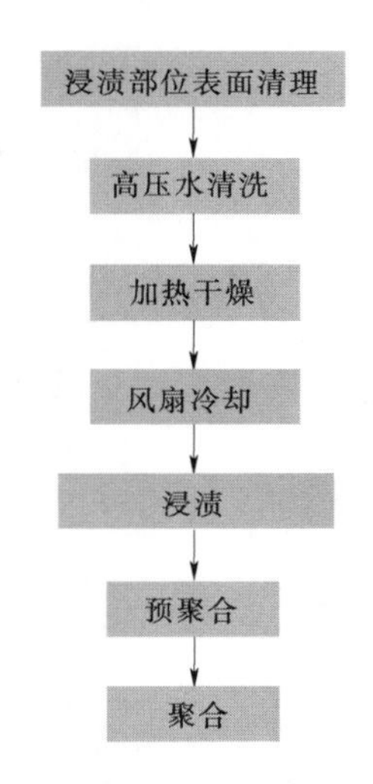

图 2-7　高分子混凝土表面浸渍施工工艺流程图

2.2.7　表面贴玻璃钢的施工工艺

（1）分层间断法。表面贴玻璃钢分层间断法的施工工序流程见图 2-8。

（2）多层连续法。表面贴玻璃钢多层连续法的施工工序流程见图 2-9。

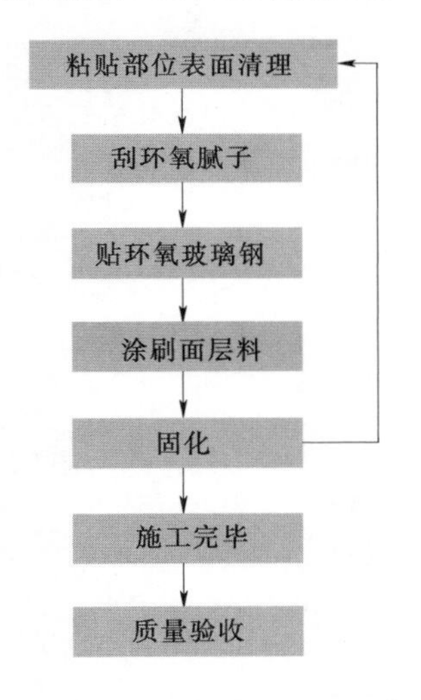

图 2-8　表面贴玻璃钢分层间断法的施工工序流程图

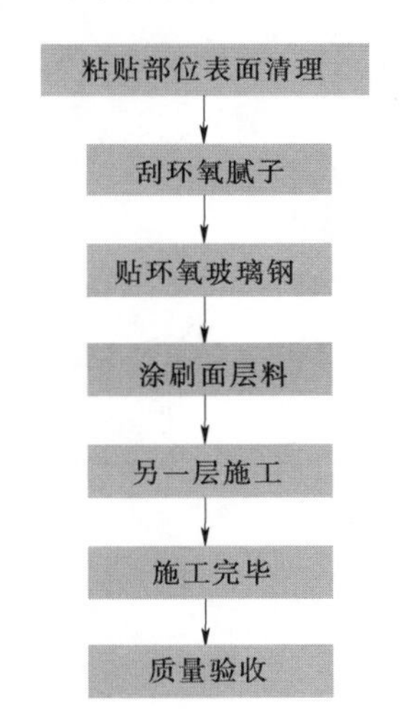

图 2-9　表面贴玻璃钢多层连续法的施工工序流程图

2.2.8　局部欠密实及局部架空施工工艺

局部欠密实及局部架空施工工艺流程见图 2-10。

2.2.9　预应力锚索（无黏结锚索）加固施工工艺

预应力锚索（无黏结锚索）加固施工工艺流程见图 2-11。

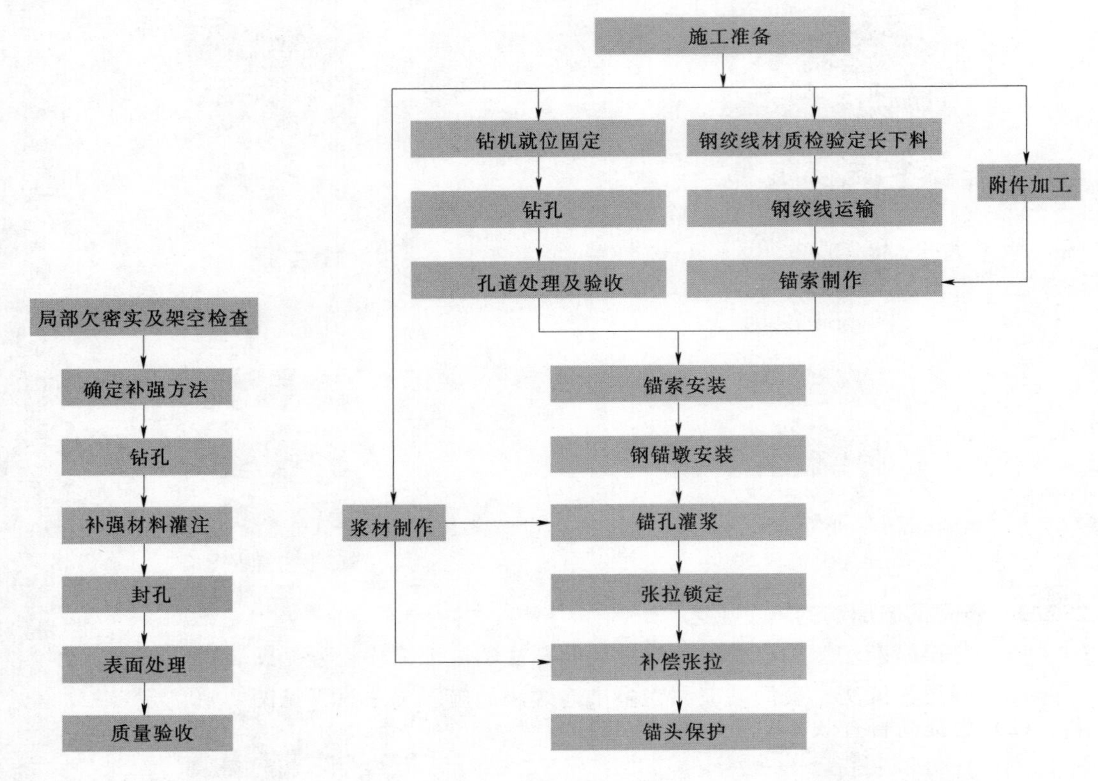

图2-10　局部欠密实及局部架空施工工艺流程图

图2-11　预应力锚索（无黏结锚索）加固施工工艺流程图

3 裂　缝

为了对裂缝进行正确和有效修补，必须查明产生裂缝的原因，对裂缝进行全面检查和分类，确定裂缝的性状，评判其危害性。在此基础上，分别选定裂缝修补和结构补强方法。

3.1 裂缝的检查与分类

3.1.1 裂缝普查

（1）混凝土裂缝普查内容，包括表面缝宽、缝长、走向、所在部位及其形态随时间、气温和干湿环境的变化情况等。

凡表面缝宽 $\delta > 0.1$mm 者，一般肉眼便可看到；更细的裂缝则需借助观测仪器（如读数放大镜）测定。

（2）为提高普查效率，应掌握裂缝的一般发生规律，最容易产生裂缝的部位有：

1）结构长宽比较大时，长边的 1/2、1/3 处或 1/4 处。

2）结构断面或形状突变处。

3）孔洞周边和进、出口。

4）不同标号混凝土的结合部位。

5）基础及新、老混凝土结合处（尤其是长间歇）。

6）长期暴露部位。

7）混凝土质量较差部位等。

（3）对表面裂缝缝宽、条数的检查以现场人工目测普查为主，所用工具有米尺、读数放大镜、塞尺等；对细裂缝可先洒水，用风吹干或晒干后再检查；对高部位的裂缝用高倍望远镜普查，必要时搭设排架或挂吊篮靠近检查。目前，市场上也有专用的裂缝宽度检测仪器，其检测精度较高，可自动摄像并存贮。

3.1.2 裂缝深度检查

混凝土裂缝深度检查方法，有钻孔法（取芯直观和孔内电视录像）、钻孔压水法和超声波法。

以往所用超声波法实为纵波绕射法。此法对深层裂缝、缝中有水或充填物时，测试成果往往不准。目前市场上有多种型号新型的混凝土裂缝检测仪，如 BJCS-2 型裂缝深度检测仪、ZBL-F610 型裂缝测深仪等，裂缝检测深度 1～50cm。甚至有的裂缝深度检测仪检测缝深可达 5～10m，且不受缝中充水和跨缝钢筋的影响。

常规的裂缝检查依测试方法的不同，可分成平测法、对测法和斜测法。对不同建筑物和不同类型的裂缝分别选用不同的方法。一般而言，对浅层裂缝可用平测法；对深层裂缝选用对测法；对两面能见到的对称裂缝采用斜测法。

下面对较为简便的缝深检查方法进行介绍。

(1) 沿缝凿槽法。沿缝凿槽至目测不到缝为止，凿槽深度视为裂缝深度。该方法适用于表面浅层裂缝。

(2) 钻孔压水法。沿裂缝一侧或两侧打斜孔穿过缝面（过缝不小于0.5m），然后在孔口安装压水设备（压水管、手摇泵）和阻塞器，进行压水。若压水缝表面出水，说明钻孔过缝且缝深大于钻孔穿过缝的垂直深度。再打少量斜孔检查，直至表面无水冒出，此时斜孔与缝的交点至混凝土表面的垂直距离即为裂缝深度。

(3) 超声波法。在混凝土裂缝的两侧（约1.0m）打垂直孔，孔径不小于60mm。但应在缝的一侧打1个对比孔，先进行无缝的声波测试，然后再进行跨缝测试，测前应将孔内冲洗干净，并灌满清水。测试时探头在孔内自上而下每20～30cm移动1次。经过波幅的对比变化，判定其缝深。若缝在侧面，其钻孔应向下倾斜3°～5°。对重要或危害性大的裂缝，必要时可沿缝钻ϕ91～150mm的孔，用孔内电视和录像方法探测缝深。

3.1.3 裂缝统计

在混凝土的裂缝发展稳定后，对裂缝的类型、分布位置、缝宽、缝长、缝深等进行普查、测量，并逐条编号，绘制图表。

3.1.4 裂缝分类

在查明混凝土裂缝特征的基础上，根据裂缝所在的部位及其危害性，进行评估和分类，进而选取不同的处理方法。

按《水工混凝土建筑物缺陷检测和评估技术规程》（DL/T 5251—2010）的规定，裂缝按深度可分为表层裂缝、深层裂缝和贯穿裂缝；按裂缝开度变化可分为死缝、活缝和增长缝；按裂缝成因可分为温度裂缝、干缩裂缝、钢筋锈蚀裂缝、荷载裂缝、沉陷裂缝、膨胀裂缝、碱骨料反应裂缝等。

3.1.5 裂缝评判

混凝土裂缝评判，在具体工程实例中结合裂缝的宽度、深度、长度、裂缝所在部位，综合考虑进行评判。下面列举国内部分工程裂缝评判实例加以说明。

(1) 葛洲坝水利枢纽工程混凝土裂缝分类评判标准。

1) 大体积混凝土。

Ⅰ类，即龟裂或细微裂缝：一般表面缝宽$\delta \leqslant 0.1$mm，缝深$h \leqslant 30$cm。

Ⅱ类，系表面（浅层）裂缝：一般$\delta \leqslant 0.2$mm，$h \leqslant 1$m。

Ⅲ类，指深层裂缝：$\delta \leqslant 0.4$mm，$h=1 \sim 5$m，且$h < \frac{1}{3}$坝块宽度，缝长$L > 2$m。

Ⅳ类，即贯穿或基础贯穿裂缝：平面贯穿全仓（或一个坝块），缝深超过两个浇筑层，侧（立）面$L > 10$m，$\delta > 5$mm，$h > 5$m或$> \frac{1}{3}$坝块宽度。若从基础向上开裂且平面贯通全仓，则称之为基础贯穿裂缝。

2) 钢筋混凝土。根据工程施工的实际经验，常年处于水下的钢筋混凝土结构的裂缝分为四类：

Ⅰ类裂缝：表面缝宽 $\delta \leqslant 0.2\text{mm}$ 的裂缝。

Ⅱ类裂缝：$0.2\text{mm} < \delta < 0.4\text{mm}$ 的裂缝。

Ⅲ类裂缝：$\delta \geqslant 0.4\text{mm}$，且 $h \geqslant \frac{1}{2}$结构厚度的裂缝。

Ⅳ类裂缝：构件基本裂穿，且 $h \geqslant \frac{1}{2}$结构厚度的裂缝。

葛洲坝水利枢纽工程的混凝土裂缝处理统计见表 3-1。

表 3-1　葛洲坝水利枢纽工程的混凝土裂缝处理统计表

部位		裂缝处理总条数	仓面布筋处理		化学灌浆处理/条		
			条数	耗筋量/t	Ⅳ类裂缝	Ⅲ类裂缝	Ⅱ类裂缝
一期工程	三江 6 孔冲沙闸	203	155	70.90	2	11	35
	3 号船闸	57	27	40.51	9	11	10
	2 号船闸	70	33	34.59	5	16	16
	7 台机	1301	959	715.41	25	160	157
	27 孔泄水闸	287	202	141.50		59	26
	纵向围堰	13	1	0.55		10	2
	非溢流坝	21	19	8.35		2	
	合计	1952	1396	1011.81	41	269	246
二期期工程	14 台机	939	742	552.40		77	120
	大江 1 号船闸	123	71	37.05	4	18	30
	大江 9 孔冲沙闸	386	270	131.73		150	97
	右联及右岸重力坝	5	5	1.64	1		
	合计	1453	1088	722.82	5	245	247

（2）三峡水利枢纽工程混凝土裂缝分类评判标准。

1）体积混凝土。

Ⅰ类裂缝：一般缝宽 $\delta < 0.2\text{mm}$，缝深 $h \leqslant 30\text{cm}$，性状表现为龟裂或呈细微规则形。多由于干缩、沉缩所产生，对结构应力、耐久性和安全基本无影响。

Ⅱ类裂缝：表面（浅层）裂缝，一般缝宽 $0.2\text{mm} \leqslant \delta < 0.3\text{mm}$，缝深 $30\text{cm} < h \leqslant 100\text{cm}$，平面缝长 $3.0\text{m} < L < 5.0\text{m}$，呈规则状。多由于气温骤降期温度冲击且保温不善等形成。裂缝所在部位对结构应力、耐久性和安全运行有一定影响。

Ⅲ类裂缝：表面深层裂缝，缝宽 $0.3\text{mm} \leqslant \delta \leqslant 0.5\text{mm}$，缝深 $100\text{cm} < h \leqslant 500\text{cm}$，缝长 $L > 5\text{m}$，或平面达到或超过 1/3 坝块宽度，侧面大于 1～2 个浇筑层厚度，呈规则状。多由于内外温差过大或较大的气温骤降冲击且保温不善等形成。对结构应力、稳定、耐久性和安全性有较大影响。

Ⅳ类裂缝：缝宽 $\delta > 0.5\text{mm}$，缝深大于 500cm，侧（立）面长度 $h > 500\text{cm}$，若从基础向上开裂，且平面上贯穿全仓，则称为基础贯穿裂缝，否则称为贯穿裂缝。这种裂缝主要由于基础温差超过设计标准，或者在基础约束区受较大气温骤降冲击产生，且在后期降温中继续发展等原因而形成。它使结构应力、耐久性和稳定安全系数降到临界值或以下。

2）钢筋混凝土。

Ⅰ类裂缝：表面缝宽 $\delta < 0.2$mm，缝深 $h \leqslant 30$cm，缝长 50cm $\leqslant L < 100$cm。

Ⅱ类裂缝：表面裂缝，一般缝宽 0.2mm $\leqslant \delta < 0.3$mm，平面缝长 1m $\leqslant L < 2$m，缝深 30cm $< h \leqslant 100$cm，且不超过结构厚度的 1/4。

Ⅲ类裂缝：表面裂缝，缝宽 0.3mm $\leqslant \delta < 0.4$mm，缝长 2m $\leqslant L < 4$m，缝深 100cm $< h \leqslant 200$cm，或大于结构厚度的 1/2。

Ⅳ类裂缝：缝宽 $\delta \geqslant 0.4$mm，缝长 $L \geqslant 4$m，缝深 $h \geqslant 200$cm 或基本将结构裂穿（大于 2/3 结构厚度）。

3）泄洪坝过流面浅表裂缝，按其裂缝宽度不同分为三类：

A 类裂缝：宽度 $\delta < 0.1$mm。

B 类裂缝：宽度 0.1mm $\leqslant \delta < 0.2$mm。

C 类裂缝：宽度 $\delta \geqslant 0.2$mm。

3.2 裂缝修补及补强加固

裂缝修补一般应根据裂缝特征及裂缝所处的环境，综合分析后，制定周密的修补与补强加固措施。本节对常见的裂缝修补与补强措施进行介绍，但不包括渗（漏）水裂缝的堵漏。

3.2.1 裂缝补强加固标准

对危害性裂缝和重要裂缝必须进行处理。对于一般表面裂缝（如龟裂），除位于重要部位（如高流速区）外，一般不必处理或仅进行表面处理即可。

裂缝是否需要修补的一个重要指标是缝宽（与缝深相关），对于表面裂缝 $\delta \leqslant 0.2$mm 的裂缝，一般不必修补，它不会带来钢筋锈蚀等危害，也不会影响混凝土的耐久性。

（1）裂缝修补与补强加固的判断。《水工混凝土建筑物缺陷检测和评估技术规程》（DL/T 5251—2010）对裂缝修补与补强加固的判断作下列规定：

1）钢筋混凝土结构裂缝修补标准按表 3－2 进行判断。

表 3－2　　钢筋混凝土结构裂缝修补标准表　　单位：mm

环境类别条件	耐久性要求		防水性要求
	短期荷载组合	长期荷载组合	
一	＞0.40	＞0.35	＞0.10
二	＞0.30	＞0.25	＞0.10
三	＞0.25	＞0.20	＞0.10
四	＞0.15	＞0.10	＞0.05

注　1. 环境条件类别：一类为室内正常环境；二类为露天环境，长期处于地下或水下的环境；三类为水位变动区，或有侵蚀性地下水的地下环境；四类为海水浪溅区及盐雾作用区，潮湿并有严重侵蚀性介质作用的环境。

2. 大气区与浪溅区的分界线为设计最高水位加 1.5m；浪溅区与水位变动区的分界线为设计最高水位减 1.0m；水位变动区与水下区的分界线为设计最低水位减 1.0m；盐雾区为离海岸线 500m 范围内的地区。

3. 冻融比较严重的三类环境条件的建筑物，可将其环境类别提高为四类。

2）对大坝上游面、廊道和大坝下游面渗水裂缝应判断为需要修补或加固；对坝顶和大坝下游面不渗水裂缝，经研究后判断是否需要修补。

3）已威胁人和物的安全的裂缝开裂处的局部脱落、剥离、松动，应判断为需修补。

4）根据裂缝开裂原因分析构件的承载能力可能下降时，必须通过计算确定构件开裂后的承载能力，以判断是否需要补强加固。

（2）国际的有关规范。日本混凝土工程协会、美国混凝土学会 ACI－224 及其他几个国家的有关规范见表 3－3～表 3－5。

表 3－3　　日本混凝土工程协会对必需修补与无需修补的裂缝宽度的限值

环境因素		耐久性考虑			防水性考虑
		苛刻的	中等的	缓和的	
（A）需修补的裂缝宽度/mm	大	＞0.4	＞0.4	＞0.6	＞0.20
	中	＞0.4	＞0.6	＞0.8	＞0.20
	小	＞0.6	＞0.8	＞1.0	＞0.20
（B）无需修补的裂宽度/mm	大	＜0.1	＜0.2	＜0.2	＜0.05
	中	＜0.1	＜0.2	＜0.3	＜0.05
	小	＜0.2	＜0.3	＜0.3	＜0.05

注　1. 所谓其他因素（大、中、小）系指对混凝土结构物的耐久性及防水性的有害影响程度，应按裂缝深度、形式、保护层厚度、混凝土表面有无涂层、原材料、配合比及施工缝等综合判断。
2. 主要应着重于钢筋锈蚀环境因素。
3. 本表根据 1982 年日本《混凝土坝裂缝修补规程》。

表 3－4　　由耐久性决定的最大允许裂缝宽度表（ACI－224）

条　　件	允许裂缝宽度/mm	条　　件	允许裂缝宽度/mm
在干燥空气中或有保护涂层时	0.400	受海水潮风干湿交替作用时	0.150
湿空气或土中	0.300	防水结构构件	0.100
与防冻剂相接触时	0.175		

表 3－5　　各国所提出的由耐久性决定的允许裂缝宽度的标准值

国　名	提案者	允许裂缝宽度/mm	
日本	日本工业标准	离心钢筋混凝土电杆	
		受设计荷载、设计弯矩作用时	0.25
		超过设计荷载及设计弯矩时	0.05
法国	Brocard		0.4
美国	ACI 建筑规范	室内构件	0.38
		室外构件	0.25
苏联	钢筋混凝土规范		0.20
欧洲	欧洲混凝土委员会	受严重腐蚀作用的结构构件	0.10
		无保护措施的普通结构构件	0.20
		有保护措施的普通结构构件	0.30

（3）葛洲坝水利枢纽工程裂缝修补标准。

1）大体积混凝土和钢筋混凝土的Ⅲ类、Ⅳ类裂缝必须处理；Ⅰ类裂缝除抗冲耐磨区外，一般不处理；Ⅱ类裂缝则视所在部位而定，通常仅进行浅层化灌（仅骑缝布灌浆）和表面保护。

2）大体积混凝土裂缝宽度$\delta>0.2$mm，裂缝深度不明时，视作深层裂缝（Ⅲ类）处理。

3）钢筋混凝土裂缝宽度$\delta>0.2$mm，视为超过设计允许开度，有可能造成钢筋锈蚀，必须处理。

4）位于有抗冲耐磨要求部位的裂缝，缝口应采取相应保护措施。

（4）三峡水利枢纽工程泄洪坝过流面裂缝修补标准。除了对A类裂缝（$\delta<0.1$mm）仅进行表面处理外，对B类（0.1mm$\leqslant\delta<0.2$mm）和C类裂缝（$\delta\geqslant0.2$mm）均须进行处理。

（5）隔河岩水电站混凝土裂缝修补标准。隔河岩水电站对宽度$\delta\geqslant0.2$mm的混凝土裂缝进行修补处理，宽度$\delta<0.2$mm的裂缝不处理；对过流面的混凝土裂缝全部进行处理。

3.2.2 裂缝补强时段

（1）由裂缝性质所确定的处理时段。对已经稳定不再发展的裂缝（死缝），可随时处理；对于尚未发展稳定的裂缝（活缝），应待其稳定后再行处理或采用特殊方法（用弹性材料等）处理，否则处理后将会重新拉开。

（2）处理时段的选择。一般处理时段宜选择在裂缝开度中等偏大时处理。裂缝小开度时灌浆，既不易灌进、且当开度变大时浆体又承受过大拉力；裂缝开度最大时灌浆，裂缝变小时浆材对裂缝尖端产生劈裂作用，恶化裂缝原有形态和性质。例如：我国南方地区裂缝灌浆时间宜选在每年3月、4月或11月为佳。

3.2.3 裂缝修补

（1）现浇混凝土裂缝修补。

1）表面处理法。表面处理法包括表面涂抹和表面贴补法。①表面涂抹适用范围是浆材难以灌入的细而浅的裂缝，深度未达到钢筋表面的微细裂缝，不漏水的缝，不伸缩的裂缝以及不再活动的裂缝。②表面贴补（土工膜或其他防水片）法适用于大面积漏水（蜂窝麻面等或不易确定具体漏水位置、变形缝）的防渗堵漏。

2）填充法。用修补材料直接填充裂缝，一般用来修补不小于0.3mm较宽的裂缝，作业简单，费用低。宽度小于0.3mm，深度较浅的裂缝、或是裂缝中有充填物，用灌浆法很难达到效果的裂缝以及小规模裂缝的简易处理采取开V形槽，然后作填充处理。

3）灌浆法。此法应用范围广，从细微裂缝到大裂缝均可适用，处理效果好。

4）结构补强法。因超荷载产生的裂缝、裂缝长时间不处理导致的混凝土耐久性降低、火灾造成的裂缝等影响结构强度可采取结构补强法。包括断面补强法、锚固补强法、预应力法等。

浅表裂缝处理及裂缝化学灌浆裂缝处理，根据裂缝宽度分为浅表裂缝和深层裂缝处理，对于宽度小于0.1mm的裂缝，可沿裂缝20mm范围内，用钢丝刷刷毛，然后用丙酮清洗表面，涂一道环氧基液进行密封处理即可；裂缝宽度在0.1～0.2mm区间时，顺裂缝发展方向，凿一条宽 80mm，深 15～30mm 的矩形槽，槽长两端超出裂缝长度 30cm，然后采用环氧砂浆抹光压实。

裂缝宽度大于 0.2mm 及贯穿性裂隙，拟采用亲水性较好的丙酮糠醛系环氧浆液进行灌浆。为确保灌浆后，混凝土表面不留下痕迹，灌浆前，对裂缝表面采用水玻璃砂浆封堵。即沿裂缝表面用水玻璃浸泡水泥袋纸或其他纸类材料，在浸泡后的水泥袋纸上压一道水玻璃砂浆，并骑缝埋入灌浆嘴。裂缝灌浆处理结束后，采用扁铲清除表面水玻璃砂浆，并打磨后涂一道环氧基液封闭裂缝表面。

（2）预制构件裂缝处理。对于受力部位的混凝土预制构件，如果出现大量严重（贯穿或深层）裂缝，一般已无修补价值。即使修补，所耗费用将有可能接近或超过预制构件的成本。因此，此预制构件应予以报废。

若混凝土预制构件仅为一般性裂缝，则可以采取补强修补的方法进行处理。修补处理的主要方法：

1）对于宽度不大于 0.2mm 的裂缝，为防止构件受力钢筋锈蚀，特别是钢筋保护层薄的预制构件或部位，常采用二液（环氧基液）一布（玻璃丝布）或一液进行裂缝封闭。具体要求是沿裂缝中心清出一条宽约 15～20cm 的封闭区，长度为在裂缝两段各延长 20～25cm，然后用钢丝刷刷磨至新鲜混凝土面，并彻底清洗刷磨面（用高压水、电吹风或空压机吹干）。如有油污等杂质，还须用丙酮擦洗。晾干、风干或烤干后，即用环氧基液和玻璃丝布涂贴施工。并保持在阴干条件下自然养护，在凝固前不得有水浸入。

2）对于宽度大于 0.2mm 的裂缝，可在凿缝后，采用高强材料修补。即沿缝凿出一条深度不小于缝深（可借助于颜色水引导凿缝）、底宽 2～4cm、边坡小于 1∶0.3 的梯形断面缝槽；如果深度大于钢筋保护层，也应凿开，并露出钢筋，安与前述相同的清洗方法进行槽面清洗，进行高强材料填补。常用的填补材料有环氧砂浆、苯丙乳液聚合物水泥砂浆等。回填前，先在洗净、干燥槽面上涂一层环氧基液，20～30min 后进行环氧砂浆回填，层间不抹光，留出毛面。砂浆与老混凝土结合面须反复抹压密实。填平后，将表面抹光，然后在自然条件下养护，并做到 24h 不沾水，3d 不泡水。

环氧砂浆具有强度高、黏结牢靠、抗冲耐磨、耐久性好等突出优点，常用于混凝土预制构件裂缝修补。如葛洲坝水利枢纽工程的大江水电站主厂房、冲砂闸启闭机房屋面钢筋混凝土预制板及 1 号船闸预制 T 形梁等所出现的裂缝，均采用环氧材料进行处理；对大江厂房屋面（厚 6cm 肋型）板修补后，晋加载试验，所有性能均满足或超过了设计和使用要求，破坏性断裂面均未发生在修补部位。

（3）预制构件混凝土不密实缺陷。

1）预制构件混凝土不密实的检查方法。预制构件混凝土表面不密实，可以用眼睛直接看出；而构件内部的不密实则须借助其他方法进行检查，一般的内部不密实可利用手锤敲击构件发出的声音判断，发出“嘣嘣”声即表示有架空，如发出沉闷的“噗噗”声表示混凝土密实。如有必要检查大型构件的深层的不密实情况，还须采用钻孔的方法。

2）预制构件混凝土不密实的处理方法。对预制构件混凝土不密实进行处理的关键是在检查结果的基础上，彻底挖除不密实的部分，直至挖到新鲜、密实的混凝土为止，内部不密实部位，应从距外表面最薄的一面挖入。挖除干净后，即按具体的情况进行处理；对表面和内部同时出现严重不密实的构件，通常难以修复，应予以报废重新浇筑；对一般程度的不密实的构件，根据部位的重要与否，分别用环氧砂浆、绿色干粉砂浆、苯丙水泥砂浆、预缩砂浆等补强材料填补修复，修补工艺与裂缝填槽处理相同。

对于不影响预制构件受力的情况下，可以不作处理的不密实构件，为美观起见，可采用普通水泥砂浆粉饰。

还有一种特殊的不密实现象发生在混凝土与预埋件之间，如支座垫板、构件衬板、构件外包钢罩等部位，多由欠振、漏振和结合部位汽包未排除所致。如不处理，不但会影响混凝土与预埋件的联合受力，而且空气会渗入造成脱空，导致预埋件锈蚀。对于这种缺陷的主要处理方法有钻孔灌注环氧浆液等。具体做法如下：

在金属埋件表面钻适当数量的 ϕ20mm 的孔洞至脱空部位，孔口焊接长 150mm 的 ϕ25mm 灌浆管，然后用水或风检查各管间的串通情况。在检查表明通畅良好后，吹干缝间积水，灌注环氧浆液。灌浆压力和结束标准等指标视具体构件情况而定。灌浆结束后，再进行检查，如有脱空，应补灌至全部密实。

然而，采用如环氧、绿偏、苯丙乳液等高分子合成材料会出现材料的老化问题，通常在大气压条件下。化学材料的耐久性和抗老化能力都低于普通混凝土材料，但是在其他介质保护下，将会明显改善其耐久性，使各项性能均优于普通混凝土。

3.2.4 裂缝补强加固

裂缝补强处理的基本方法可分成三种，即表层裂缝修补法（表面封闭防渗、增强和铺骑缝钢筋）、钢筋锚固、预应力锚固和内部修补法（水泥灌浆及化学灌浆法）。

位于混凝土表面且其表面有防风化、防渗漏、抗冲磨要求的裂缝，应进行表面处理；削弱结构整体性、强度、抗渗能力和导致钢筋产生锈蚀的裂缝，要进行内部处理；危及建筑物安全运用和正常功能发挥的裂缝，除进行表面修补、内部处理外，还必须进行锚固或预应力锚固处理。

若仅用于修补（以恢复结构耐久性和防水性为目的），不含补强（恢复建筑物承载能力和抗滑稳定等措施），则修补方法可分成喷涂法、粘贴法、充填法和灌浆法，其中前三种方法仅用于表层裂缝修补或深层裂缝修补（补强）的辅助措施。

（1）表层裂缝修补法。表面修补包括缝口凿槽嵌缝、缝口粘贴橡皮板、裂缝缝口设置防渗层、弹性聚氨酯缝口灌注、缝口粘贴玻璃丝布（土工膜和防水涂料互层）、环氧砂浆粘贴紫铜片、嵌补环氧橡皮胶泥和 SK 手刮聚脲表面封堵等。混凝土浇筑中层面发生的裂缝，为防止其向上层扩展，常铺设骑（跨）缝钢筋进行限裂处理。对于以防渗为主要目的，而且混凝土出现大面积裂缝的部位的修补，也可以采用在防渗混凝土表面上整体铺设沥青混凝土防渗层或者土工膜防渗。

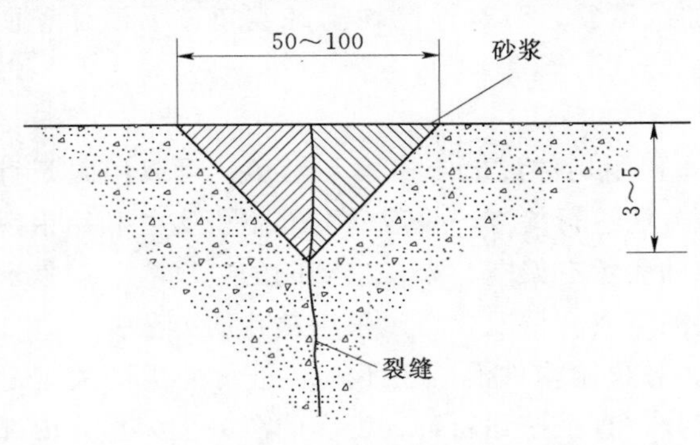

图 3-1　缝口凿槽嵌缝处理方法图（单位：mm）

1）缝口凿槽嵌缝。缝口凿槽嵌缝处理方法见图 3-1。嵌缝封闭可用高标号水泥砂浆，也可用聚合物改性水泥砂浆。当有防渗要求时，可选用弹性防水材料。SR 材料能适应裂缝变形、耐高寒（－50℃气温下延伸率仍可达 300％）、黏结力强、抗渗性能好。GB 材料是再生橡胶为主的嵌缝材料，价廉，变形性能好，在－30℃时断裂伸长率仍达 600％，已在西北口水电站混凝土面板堆石坝等国内多个工程成功应用。

PU1 弹性密封膏可遇冷固化、液态施工，能与潮湿面牢固黏结。亦可作为嵌缝材料。901 堵漏剂，具有速凝快硬及抗渗特性，也是良好的嵌缝止水材料。

2）缝口粘贴橡皮板。挡水坝段迎水面裂缝处理可采用缝口粘贴橡皮板的方法，其抗渗性能优越。同时，橡皮具弹性，可用以修补活缝。

葛洲坝水利枢纽工程大江水电站电厂和二江电厂厂房、东江水电站大坝、紧小滩水电站大坝和柘溪水电站大头坝等迎水面裂缝均采用此法处理。缝口粘贴橡皮板的基本结构见图 3－2。

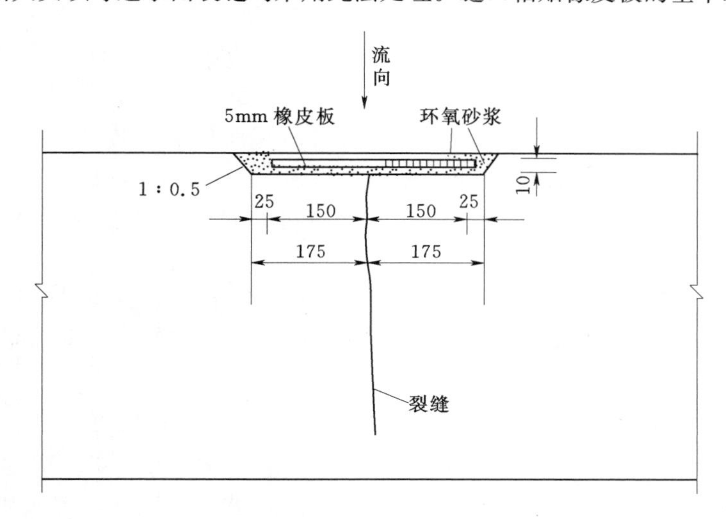

图 3－2　缝口粘贴橡皮板的基础结构示意图（单位：mm）

在三峡水利枢纽工程大坝迎水面Ⅲ类、Ⅳ类裂缝处理中，设计了一种充填粘贴法，即在缝口粘贴防渗盖片进行表层止水，亦作为化学灌浆处理的一种辅助措施。该方法在国内多个水电工程中用作防渗面板分缝的表层止水措施，效果较好。

裂缝表面充填粘贴处理在裂缝灌浆处理完成 7d 后进行，其程序为：凿槽嵌填塑性止水材料→粘贴橡胶片和防渗保护盖片→防渗保护盖片四边的防护→防渗保护盖片表面的防护。化学灌浆法加充填粘贴法裂缝部分处理见图 3－3。

A. 凿槽嵌填塑性止水材料。

处理程序：凿槽（3～5cm 深，8～10cm 宽的 U 形槽）；涂刷 SR－2 底胶；嵌填 SR－2 塑性止水材料。

B. 粘贴橡胶片和防渗保护盖片。裂缝两侧的表面处理工序：缝面处理；涂刷 1438 环氧胶泥；涂刷氯丁橡胶片底胶；粘贴氯丁橡胶片；涂刷 SR 防渗盖片底胶；粘贴 SR 防渗盖片；裂缝端头的处理；

C. 防渗保护盖片四边的防护。为减小后期水压力对 SR 防渗盖片两侧的破坏，将 SR 防渗盖片四条外边封边，封边一般可采用角钢压紧封边或者专用胶水粘贴封边。

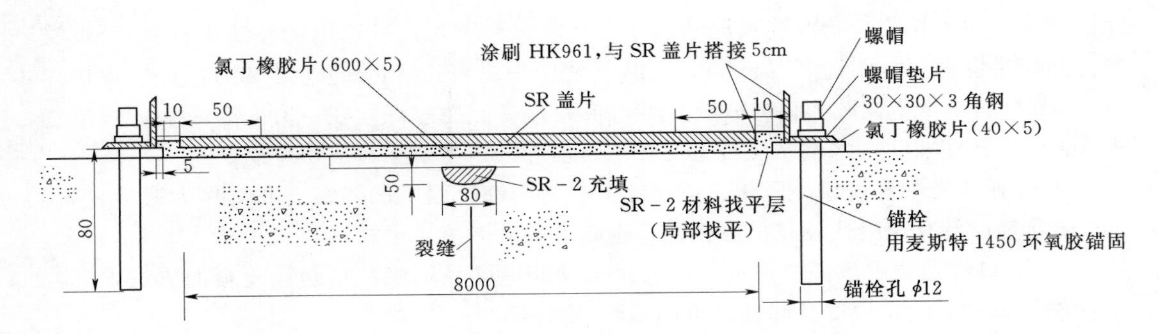

图 3－3　化学灌浆法加充填粘贴法裂缝部分处理示意图（单位：mm）

注：氯丁橡胶片与混凝土面、角钢间用专用粘贴剂或环氧基液粘贴。

D. 防渗保护盖片表面的防护。对 SR 防渗盖片间拼缝间隙，采用 HK961 防护涂料涂刷在拼缝两侧各 5cm 范围内；SR 防渗盖片封闭方法同拼缝间的封闭方法。

由于 SR 防渗盖片防冲击性较差，为防止硬物击穿而影响其防渗性能，可在 SR 防渗盖片外采用钢筋混凝土板进行封闭保护。在不宜采用钢筋混凝土板封闭的部位，可采用厚 6mmPVC 板对其进行封闭防护，防护方法视防渗处理部位的重要性及其施工的方便性而定。

3）裂缝缝口设置防渗层。桓仁水电站和丰满水电站大坝上游面均增设了沥青混凝土防渗层，用以处理大面积裂缝。也有采用土工膜进行混凝土裂缝防渗修补处理的工程实例，以上方法均可取得较好的效果。

4）弹性聚氨酯缝口灌注。活缝缝口处理宜采用弹性聚氨酯灌注。其方法是：先在缝口凿槽，清洗干净，吹干后以弹性聚氨酯填灌；葛洲坝水利枢纽工程三江水电站冲沙闸底板的 1 条贯穿性裂缝的缝口采用此法封口处理；湖南镇水电站大坝上游面裂缝处理，是先在缝口凿 U 形槽，槽内清洗干净，吹干后灌弹性聚氨酯，外封高强砂浆，效果很好。

5）缝口粘贴玻璃丝布（土工膜和防水涂料互层）。此法除用于缝口保护外，还用于嵌缝止漏。此结构被称为“玻璃钢”，可用“三液两布”（三层环氧基液、两层玻璃丝布）或“两液一布”。

防水涂料可采用 J·L－90A 等，J·L－90A 防水涂料是 1996 年经国家有关部门鉴定的防渗材料，黏结力强，抗拉强度高，可用于冷施工（气温 0℃以上）。它与土工布复合使用，形成弹韧性防渗体。可用“二布六液”或“三布八液”加强层。

6）环氧砂浆粘贴紫铜片。处理方法是先沿裂缝两侧凿槽，再以环氧砂浆嵌入卷成马鞍形的紫铜片。此法防渗效果比较好，能适应裂缝变形。

7）嵌补环氧橡皮粉胶泥。在环氧砂浆中加入粒径小于 1.2mm 的橡皮粉（旧轮胎打磨而得）搅拌制成胶泥，用于缝口凿槽后的填补。由于此材料弹模低、弹性好，抗冲磨强度高，特别适用于抗冲磨区的缝口处理。

8）SK 手刮聚脲表面封堵。SK 手刮聚脲是近年来开发的一种新型的混凝土表面裂缝修补材料。它具有抗拉强度高、柔性大、施工简单、速度快、耐久性好的特点。可适用于修补各种表面裂缝，也是深层裂缝修补的一种辅助措施。SK 手刮聚脲物理力学性能指标见表 3－6。

表 3－6　　SK 手刮聚脲物理力学性能指标表

检测项目	固含量/%	抗拉强度/MPa	扯断伸长率/%	撕裂强度/(kN/m)	表干时间/h
检测结果	100	大于 16	大于 400	大于 22	≤5

SK 手刮聚脲氙灯人工加速老化实验结果见表 3－7。

表 3－7　　SK 手刮聚脲氙灯人工加速老化实验结果表

老化时间/h	拉伸强度/MPa	性能变化率/%	断裂伸长率/%	性能变化率/%
0	17.1	0	364	0
588	14.2	17	343	6
1369	14.1	17	335	8
1869	14.0	18	339	7

SK 手刮聚脲施工方法：对混凝土表面进行打磨、清洗，清除混凝土表面的灰浆等污物，晾干后涂刷 BE14 界面剂，待界面剂表面干后直接刮涂 SK 手刮聚脲。SK 手刮聚脲有一定的自流平性能，用刮板刮平（带齿形的刮板效果更好）。允许作业时间在 2h 以内，涂刷两遍以上效果更佳。在立面上一次挂涂厚度要小于 1mm，否则流淌比较严重。其厚度可以通过面积和用材量来控制，也可用刮板齿的高度控制。聚脲与混凝土搭边之间的收边边缘打磨成三角形，边缘深度 3～4mm，边沿喷涂聚脲与混凝土平滑过渡。

SK 手刮聚脲在云荞水库、宝泉水电站上水库进水口面板防渗、芭蕉河一级水电站大坝面板、十三陵抽水蓄能电站上水库混凝土面板、李家峡水电站左中孔泄洪道表面、深圳东江 5 号引水隧洞、龙羊峡水电站表孔等工程中都曾成功运用，效果良好。

（2）钢筋锚固法。对于特殊部位混凝土结构裂缝的处理，可采用锚固加强处理法锚筋安装见图 3－4，在混凝土面距裂缝 30～40cm 处打斜孔，裂缝两侧梅花形布置，穿入钢筋后灌注水泥浆锚固。待灌注的水泥浆达到强度要求后，再对裂缝进行化学灌浆处理。三峡水利枢纽工程中永久船闸下游泄水箱涵裂缝就是采用锚固加强法进行处理的。

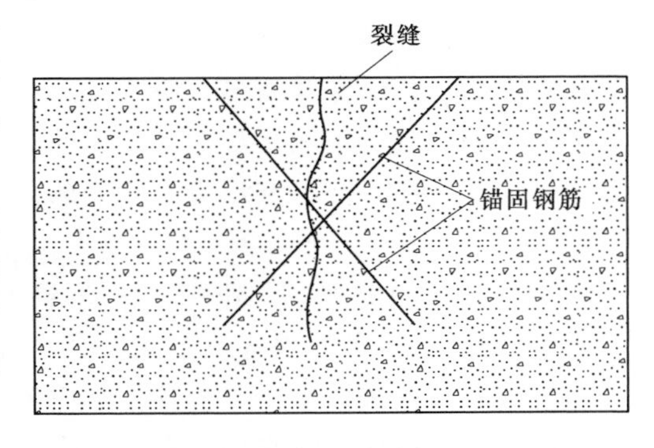

图 3－4　锚固加强处理法锚筋安装示意图

预应力锚固技术具有受力明确、能恢复结构整体性和原受力状态的特性，不但可作为大坝病害综合补强加固的重要手段，也可单独用于重要受力结构的重大裂缝（如贯穿和基础贯穿裂缝）的修补和锚固。

常用预应力锚固加固技术主要有预应力

锚杆和预应力锚索。

A. 潘家口水库41号坝段水平裂缝预锚。潘家口水库由一座拦河大坝和两座副坝组成，水库枢纽由主坝、电站及泄水底孔等组成，坝顶长1040m，水库总库容29.3亿m^3。坝基为角闪斜长片麻岩，比较完整，断层裂隙不甚发育。

考虑到坝体高程197.00m裂缝，从上游面向下游延伸7.0～8.0m，故布置两类锚束：

第一类为布置于两个廊道的墩头对穿锚，共5束。

第二类为上端在高程202.00m的廊道、向下游倾斜10°的锚固于坝体内的一端胶结锚，共4束。

两类锚索交替布置在一排上，上端距坝面5.0m。每束永存吨位为3000kN，潘家口水库41号坝段裂缝加固见图3-5。

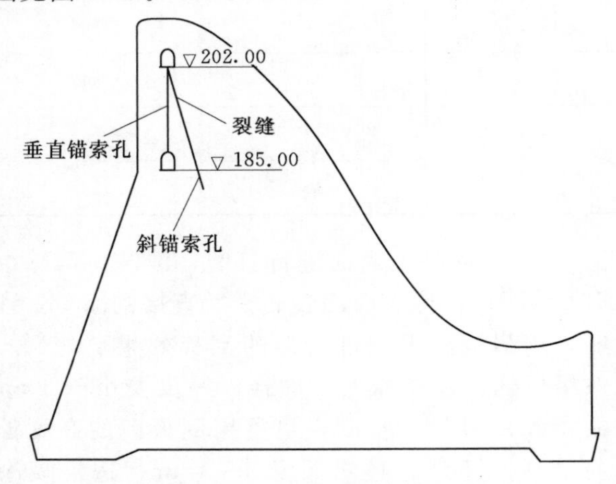

图3-5　潘家口水库41号坝段裂缝加固示意图（单位：m）

B. 下马岭水电站珠窝水库大坝裂缝预锚。下马岭水电站珠窝大坝由5个溢流坝段和建在两岸灰岩上的非溢流坝段组成，全长134.5m，坝顶高程352.20m。是以发电为主的中型水利水电枢纽，水电站装机容量6.5万kW，水电站装机容量65MW，多年平均发电量2.22亿kW·h。水库总库容1430万m^3。珠窝水电站大坝施工期为1958—1966年，由于施工质量控制不严，导致坝体混凝土质量较差，运行初期即产生了大量裂缝，曾先后多次对坝体进行补强灌浆，并于1967年、1975年、1976年、1979年多次对大坝裂缝进行氰凝化学灌浆，裂缝渗漏情况有所改善。

预锚目的是减少坝体下部在坝轴线处的拉应力，限制裂缝开展并缩小已有裂缝宽度。据设计计算，共有5个溢流坝段坝体下部存在较大的拉应力区，故在每个坝段设计预应力锚固吨位为7546kN。为满足总吨位要求，又不致对坝体产生不利影响，故选用锚索吨级为700kN，布置在1～5号坝段廊道上游壁距底板0.6～0.9m处，孔距为1.35m，每坝段布置11束锚索。下马岭水电站珠窝水库大坝加固见图3-6。

（3）内部修补法（水泥灌浆及化学灌浆法）。灌浆是裂缝内部补强最基本的方法，主要用于深层和贯穿性裂缝修补。实践证明，只要选材得当，工艺合理，通过灌浆处理既能填塞裂缝达到防渗目的，还可恢复（或部分恢复）结构的整体性。

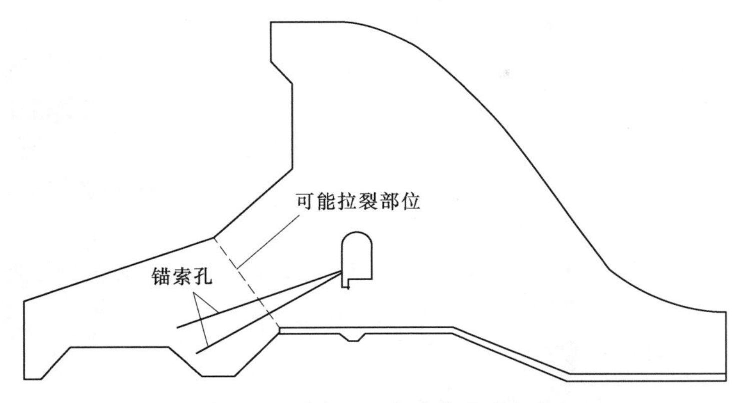

图 3-6　下马岭水电站珠窝水库大坝加固图

常用的裂缝灌浆材料有水泥（磨细水泥）灌浆和化学灌浆材料。以恢复结构整体性能为目的，常选用强度较高的环氧和甲凝类浆液及水溶性聚氨酯 HW。

1）水泥灌浆。水泥是一种颗粒性材料，水泥浆是一种悬浮液，在其凝固过程中体积发生收缩，故灌浆后缝内仍会留更细小的裂缝。根据葛洲坝水利枢纽和丹江口水电站等工程的实践经验，水泥浆仅能灌入缝宽 $\delta \geqslant 0.2$mm 的裂缝，更细的裂缝灌不进，效果甚差，水泥浆的起始水灰比为 1∶1～3∶1 为宜。

因水泥为脆性材料，一般只适于灌注“死缝”。据观察，灌入裂缝中的水泥浆，在温度应力等因素的反复作用下，易被水解或被渗水溶蚀，数年后多呈粉末状而基本失效。

为改善水泥灌浆的上述弊端，新安江水电站以 P. O52.5 普硅水泥为基材，按 4∶1 掺入添加剂，经磨细而制成新的水泥浆材。该灌浆材料比原浆材抗拉强度提高了 12.8%，抗压强度提高了 48.9%。水泥中颗粒粒径仅为 9.65μm，且凝固后具微膨胀性，使可灌性等得到了提高。

经小浪底水利枢纽工程的试验，对混凝土裂缝灌浆采用超细水泥（水泥粒径范围 2.07～5.0μm，比表面积 10000～16000cm^2/g)，并在浆液中掺入一定比例的高效减水剂及微量硅粉，水胶比控制在 0.6 以下，可灌入 $\delta < 0.2$mm 的细缝。

超细水泥浆液物理力学性能指标见表 3-8。

表 3-8　　超细水泥浆液物理力学性能指标表

平均粒径 /μm	比表面积 /(cm^2/g)	浆液胶凝时间 /h	浆液固结体收缩率 /%	浆液黏度 /(MPa·s)				浆液固结体抗压强度 /MPa		
				0′	10′	30′	40′	3d	7d	28d
2.07～5.00	10000～16000	9～10	<1.0	39.1	43.3	45.5	45.8	21.6	33.9	46.2

2）化学灌浆。化学灌浆材料比较多，主要包括普通环氧树脂、EAA 改性环氧树脂、SK-E 改性环氧树脂、Sikadur725 环氧树脂、GF 环氧树脂、CW 改性环氧树脂、EFN 弹性环氧树脂、HW 型和 LW 型水溶性聚氨酯、甲凝、MU 无溶剂等品种，其中以环氧及环氧的改良品种居多。

A. 普通环氧树脂。普遍应用的环氧树脂灌浆材料主材为E44环氧树脂。此类浆材比较脆，适于灌“死缝”。又因浆液比重略大于水，可以浆顶水，用于灌注有水缝。环氧树脂浆材一般适于灌注缝宽$\delta \geqslant 0.2$mm的裂缝，葛洲坝水利枢纽工程的混凝土裂缝大多以环氧浆液灌注，共耗用浆液13910L，小浪底水利枢纽工程3号导流洞在混凝土裂缝修补中，采用Sikadur752环氧树脂，三峡水利枢纽工程混凝土裂缝化学灌浆选用进口的PW-麦斯特改性环氧。该灌浆材料初始黏度仅3～4MPa·s，与基材的黏结强度达0.9～1.7MPa。灌浆动力采用储气筒。灌注浅层裂缝时，无需打孔和埋管，亦不必凿槽嵌缝，仅需将灌浆嘴贴附于缝表面，嘴间沿缝涂刷1938改性基液粘胶即可。

普通环氧树脂灌浆材料常用配方见表3-9。

表3-9　普通环氧树脂灌浆材料常用配方表

名称	作用	不同配方用量/g		名称	作用	不同配方用量/g	
		Ⅰ	Ⅱ			Ⅰ	Ⅱ
环氧树脂	主剂	100	100	乙二胺	固化剂	15～18	15
糠醛	稀释剂	30～50	50～80	703号	固化剂		20
丙酮	稀释剂	30～50	50～80	K54	促进剂		3～5
苯酚	促凝剂	10～15		KH-560	偶联剂		0～6

注　1. 配方Ⅰ适用于一般裂缝灌浆，糠醛与丙酮用量视裂缝宽窄不同而减增，乙二胺用量由试验确定。
2. 配方Ⅱ适用于水中低温灌浆，当裂缝比较宽时，KH-560可以不用。

B. EAA改性环氧树脂。EAA改性环氧树脂灌浆材料是以环氧、丙酮、脂肪胺、促进剂和AA添加剂组成。其固体无毒、无收缩，力学性能好（见表3-10）。能灌入含水的微细裂缝和渗透系数$k=10^{-6}\sim10^{-8}$cm/s的地层中。该材料不但能沿渗透面充填黏结，而且浆液形成的防腐膜可以有效地保护钢筋不产生锈蚀。该材料曾在广州地铁1号线车站、区间的混凝土裂缝渗漏整治中应用，效果良好。

表3-10　EAA改性环氧树脂浆材物理力学性能表

黏度/(MPa·s)	容重/(t/m³)	抗压强度/MPa	劈裂抗拉/MPa	抗剪强度/MPa	固化时间/h	备注
1.0	0.8921	17.4	9.6	2.8	48～96	
17.2	1.0739	71.0		10.0	8～24	
12.7	1.0730	64.0	24.0	32.6	24～26	抗拉
9.6	1.0625	47.0	17.3	7.7	36～48	抗拉

C. SK-E改性环氧树脂。SK-E改性环氧树脂材料具有渗透性强、可灌性好（可灌入$\delta=0.05$mm的细缝），亲水性优的特点。固胶体具韧性，黏结强度高（见表3-11），曾在十三陵抽水蓄能电站上水库面板坝混凝土裂缝处理中成功应用。

表 3-11　　　　SK-E 改性环氧树脂灌浆材料的性能表

配方编号	浆液黏度/(MPa·s)	浆液容重/(kN/m³)	抗压强度/MPa		抗拉强度/MPa		冻融次数		高温性能100℃
			8d	90d	纯浆体	潮湿面	纯浆体	潮湿面	
SK-E-1	38	10.69	62.0	75.0	9.69	＞4.0	＞65	＞20	强度无明显变化
SK-E-2	19	10.51	25.0	37.5	8.25	＞4.0	＞65	＞20	
SK-E-3	6	10.36	25.0	30.0	8.65	＞4.0	＞65	＞20	

D. Sikadur752 环氧树脂。Sikadur752 环氧树脂浆液在小浪底水利枢纽工程 3 号导流洞混凝土裂缝化学灌浆时，曾用该材料，以注射枪（以压缩空气为动力）成功地进行了修补。

Sikadur752 为低黏度环氧树脂材料，渗透性强，强度高，无硬化收缩，可在 3～40℃气温下使用，可对 3～6 周最短龄期的混凝土所发生 0.2～5mm 的裂缝进行灌浆修补。

Sikadur752 环氧树脂灌浆材料的物理力学性能见表 3-12。

表 3-12　　　　Sikadur752 环氧树脂灌浆材料的物理力学性能表

组分比（重量比）	比重	黏度(30℃时)/(MPa·s)	抗压强度/MPa	抗拉强度/MPa	与钢材黏结强度/MPa	施工温度/℃
A∶B=2∶1	1.08	180	64	27	9.0	3～40

嵌缝材料采用 Sikadur 31 CFN 万能修补砂浆（原名：Sikadur731 环氧树脂砂浆）。该材料由 A、B 两部分组成，其物理力学性能见表 3-13。

表 3-13　　　　Sikadur 31 CFN 万能修补砂浆物理力学性能表

组分比（重量比）	相对密度	颜色	7d 抗压强度/MPa	7d 抗拉强度/MPa	3d 与钢材黏结强度/MPa	施工温度/℃
A∶B=2∶1	1.9	混凝土灰色	50～70	14～25	10～17	10～30

E. GF 环氧树脂。GF 环氧树脂灌浆材料是以环氧树脂、丙酮、糠醛、脂肪胺为主要成分的改性环氧浆液。具有黏度低、力学强度高、低毒等特性，已在郧阳汉江公路桥裂缝处理中得到应用，效果良好，其物理力学性能见表 3-14。

表 3-14　　　　GF 环氧树脂灌浆材料物理力学性能表

项目	比重	黏度/(MPa·s)	胶凝时间/h		抗压强度/MPa	与钢材黏结强度/MPa
		20℃(2h)	20℃	30℃		
指标	0.860～1.057	1.12～34.5	32～90	14.6～31.2	34.8～96.4	7.8～18.0

裂缝修补时，对 $\delta \geq 0.5$mm 的裂缝，采用内部化学灌浆；缝宽 $\delta < 0.5$mm，采用喷涂自渗。一般喷涂 3 道，每隔 1min 喷涂 1 次。

F. CW 改性环氧树脂。CW 改性环氧树脂灌浆材料选用CYD 型环氧树脂，CD（固化剂），糠醛（稀释增韧剂）、丙酮（稀释增韧剂）等，并掺表面 TP（表面活性剂）。配制简单，可灌性好，在干燥、潮湿及水中都能很好固化，且毒性较低。

CW 改性环氧树脂灌浆材料代表性配方见表 3－15，其物理力学性能见表 3－16。

表 3－15　CW 改性环氧树脂灌浆材料代表性配方表　%

配方编号	CYD 型环氧树脂（主剂）	CD（固化剂）	糠醛（稀释增韧剂）	丙酮（稀释增韧剂）	TP（表面活性剂）
CW_1	100	30	40	40	2
CW_2	100	30	40	40	2

表 3－16　CW 改性环氧树脂灌浆材料主要物理力学性能表

配方编号	初始黏度 /（MPa·s 20℃）	固化体抗压强度（龄期 1 个月）/MPa	浆液相对密度	胶凝时间 /h	模拟灌注 δ=0.15mm 裂缝劈裂抗拉强度（龄期 3 个月）/MPa	
					干燥	有水
CW_1	14	47.8	1.06	26	2.8	2.5
CW_2	14	33.0	1.06	65	3.0	2.6

G. EFN 弹性环氧树脂。EFN 弹性环氧树脂曾在厦门海沧大桥锚碇墩混凝土裂缝灌注中应用，效果良好，其灌浆材料物理力学性能见表 3－17。

表 3－17　EFN 弹性环氧树脂灌浆材料物理力学性能表

牌号	起始黏度① /（MPa·s）	初凝时间 /h	抗压强度② /MPa	压缩变形 /%	黏结强度③ /MPa	耐酸性④ 耐碱性⑤	适用缝宽 /mm
1045	9.5	40～48	112	58	5.1	无变化	<0.2
1182	45.9	8～14	96.2	65	4	无变化	0.2～0.4

① 起始黏度为浆材未加固化剂时的黏度；
② 浆材加 12%DETA 固化剂，龄期为 1 个月的抗压强度；
③ 黏结强度用水泥砂浆 8 字模块测定；
④ 5%HCl 浸泡 15d；
⑤ 饱和 $Ca(OH)_2$ 浸泡 15d。

H. HW 型和 LW 型水溶性聚氨酯。HW 型水溶性聚氨酯灌浆材料强度较高，主要用于裂缝化灌；LW 型水溶性聚氨酯灌浆材料弹性好，主要用于防渗堵漏。两者可按任意比例互溶。若以强度为主，则 HW 型水溶性聚氨酯灌浆材料弹的比例要高；若以弹性和遇水膨胀性能为主，则 LW 型水溶性聚氨酯灌浆材料弹的比例要增加。

HW 型水溶性聚氨酯灌浆材料既具有一定的水溶性，又具强度高的特性。LW 型水溶性聚氨酯灌浆材料物理力学性能见表 3－18。

表 3-18　　HW 型水溶性聚氨酯灌浆材料物理力学性能表

浆液类型	黏结强度/MPa			抗压强度/MPa	轴心抗拉/MPa	黏度/(MPa·s)	与钢筋间的握裹力/MPa	遇水膨胀率/%	比重	凝胶时间
	干燥	饱和面干	水下							
HW	2.8	2.4	1.3	>10	7.7	100	3.1～3.45	2～4	1.1	数分钟至数10min
HW+5%丙酮	2.1	1.7	1.0			25①				
HW+5%二甲苯	2.1	1.9	1.0			40				

① 另加 5%二甲苯后的实测值，该灌浆材料曾在陈村、青铜峡、潘家口等水电站应用。

I. 甲凝。甲凝是以甲基丙烯酸甲酯为主剂的化学灌浆材料，具有黏度低（低于水）、可灌性好的特点，可灌入 $\delta=0.05$mm 的发丝裂缝。其缺点是固化中体积有收缩和比重低于水、不能以浆顶水，不宜灌注有水缝。甲凝灌浆材料配方见表 3-19。

表 3-19　　甲凝灌浆材料配方表

名称	代号	作用	单位	不同配方用量		
				Ⅰ	Ⅱ	Ⅲ
甲基丙烯酸甲酯	MMA	主剂	mL	100	100	100
甲基丙烯酸丁酯	BMA	增韧剂	mL		25	
醋酸乙烯酯	VA	增韧剂	mL			10
丙烯酸	AA	亲水增韧剂	mL	10		
过氧化二苯甲酰	BPO	引发剂	g	1	1	0.5
对甲苯亚磺酸	P-TS，A	除氧剂	g	1	0.5	1
二甲基苯胺	DMA	促进剂	mL	1	0.5	0.5
水杨酸	SA	防中和剂	g		1	1
铁氰化钾	KFe	阻聚剂	g		0.03	
焦性没食子酸	PA	阻聚剂	g			0.0375

注　1. 配方Ⅰ适用于潮湿缝面单液灌浆。
2. 配方Ⅱ适用于低温单液灌浆。
3. 配方Ⅲ适用于高温双液灌浆。
4. 气温高时浆液筒外要置冰冷却。

葛洲坝水利枢纽等工程曾应用该灌浆材料灌注 $\delta\leqslant0.2$mm 的混凝土裂缝。青铜峡、刘家峡、三门峡等水电站和潘家口水库均采用甲凝灌浆材料灌注混凝土裂缝，均取得了较好效果。

J. MU 无溶剂环氧树脂。MU 无溶剂化学灌浆材料集甲凝、环氧和聚氨酯的优点于一体，该材料由丙烯酸酯、聚氨酯预聚体和复合固化剂组成。其浆液黏度仅 3MPa·s，接近水黏度（1MPa·s），可灌入 $\delta=0.05$mm 的发丝缝；与两侧干燥面混凝土的黏结强度

表 3-20　　裂缝化学灌浆材料特性表

灌浆材料名称	抗压强度/MPa	与混凝土面黏结强度/MPa		收缩率/%	抗拉弹模/MPa	适灌缝宽/mm	固化时间/h	施工温度/℃	缝面水影响	化学稳定性	浆液黏度/(MPa·s)	比重	劈裂抗拉强度/MPa	毒性
		干缝	湿缝											
普通环氧树脂	80～100	1.7～2.0	1.1～1.9	2～3	2300～4200	≥0.2		5℃以上	降低黏结强度	耐酸碱	16.1～168		7～30	有
EAA改性环氧树脂	17.4～47.0					微细裂缝	48～96	常温	无影响	耐酸碱	1.0～17.2	0.8921～1.0739	9.6～24.0	无
SK-E改性环氧树脂	30～75(90d)	3.8～5.0			2×10^4(变形模量)	≥0.05	6～15(初凝)	常温	基本无影响		9～38	1.036～1.069	8.65～9.69	低毒
Sikadur752环氧树脂	64	3		0		≥0.2		3～40	影响很小		180(30℃)	1.08	27(抗拉)	
GF环氧树脂	34.8～96.4	7.8～18(钢材)		小			14.6～90	常温	无影响		1.12～34.5			低毒
CW改性环氧树脂	33.0～47.8		1.07～1.61			≥0.15	26～65	常温	小		10～14	1.06	2.5～3.8	低毒
EFN弹性环氧树脂	96.2～112[①]	4.0～5.1				≥0.2	8～48			耐酸碱	9.5～45.9			
HW型和LW型水溶性聚氨酯	>10	2.1～2.8	1.0～1.3	2～4		≥0.1	可控制	常温	有影响	耐酸碱	40～100	1.1	7.7(轴拉)	无
甲凝	70～80	2.0～2.8	1.7～2.2	15～20	$(2.9\sim3.2)\times10^3$	≥0.05	好控制	可负温	有影响	耐弱酸碱	0.6～1.0	<1.0	13.5～17.5	有
MU无溶剂环氧树脂		2.2～2.5	1.5	0		≥0.05	1～6	常温	有影响		3.0			

① 灌浆材料中加12%DETA固化剂，龄期1个月。

达 2.2 ～2.5MPa（湿面 1.5MPa）。由于浆液中无任何溶剂，故固化时体积不收缩，且根据不同配方可得到不同的体积膨胀。浆液聚合时间 1～6h，可操作性好。

MU 无溶剂环氧树脂灌浆材料已在青铜峡水电站的 1 号和 3 号机胸墙、白石窑水电站厂房流道中段贯穿性裂缝修补中应用。

裂缝化学灌浆材料特性见表 3-20。

3）灌浆施工。

A. 打孔。对裂缝平直、规则、缝深不大于 0.3～0.5m 的裂缝，一般仅布置骑缝孔，孔距一般为 0.3 ～0.6m。常用电钻 ϕ20mm、深 5～10cm 的骑缝孔。对缝深大于 30～50cm 或形状不规则的深层裂缝，除钻骑缝灌浆孔外，还应钻穿缝斜孔。斜孔一般用风钻钻孔，孔径 38～42mm（宜尽量小，以减少钻孔占浆），终孔点应超过缝面 10～30cm。

灌浆前，孔内宜投放冲洗干净的细砾石（减少钻孔占浆）。为增强缝面锚固力，可在灌浆结束后立即置放过缝钢筋（最好用人字筋或螺纹筋，以增强锚固力）。

B. 化学灌浆常用设备（见表 3-21）。HGB-1（2）型化学灌浆泵的主要技术参数见表 3-22，HGB 型化学灌浆泵主要参数见表 3-23。

表 3-21　　化学灌浆常用设备表

机具名称	重量 /kg	压力 /MPa	供浆量 /(L/min)	动力	容积 /L
手动隔膜泵				手动	
手掀泵	7	0.7	6	手动	
压浆筒	20	1.5	7～8	手动	
电动齿轮泵	8	0.6～0.7		气动	7
注射枪①		2.5	16	电动	
JN-1 型隔膜泵				气动	
HGB 型计量泵				电动	
QZBU-11.6/5	80	5	11.6	电动 0.75kW	
QZBB-12/5	80	5	12	电动 0.55kW	
3D5/40 三缸弹子泵		4/4	80/80	电动	
SSDM-10 隔膜泵		2	10	电动、手动	
SSMB-216 型	15		2.4	电动	
HY-1 型				电动	

① 小浪底水利枢纽工程应用。

表 3-22　　HGB-1（2）型化学灌浆泵的主要技术参数表

化学灌浆泵型号	压力范围 /MPa	流量范围 /(L/min)	电机功率 /kW	电机转速 /(r/min)	活塞直径 /mm	活塞行程 /mm	设备尺寸 /(mm×mm×mm)	设备重量 /kg
HGB-1	0～24	0～5.7	1.5	1000	63	160	1000×800×400	120
HGB-2	0～24	0～11.4	1.5	1000	63	160	1000×800×400	120

表 3-23　　　　　　**HGB 型化学灌浆泵主要参数表**

化学灌浆泵型号	灌浆压力/MPa			灌浆流量/(L/min)		
	单泵	双泵	并联泵	单泵	双泵	并联泵
HGB-2.5/1.2	0～15	0～15	0～15	2.5	5.0	2.5×*n*
HGB-3.5/3	0～15	0～15	0～15	3.5	7.0	3.5×*n*
HGB-5.5/5	0～10	0～10	0～10	5.5	11.0	5.5×*n*
HGB-8/4	0～10	0～10	0～10	8.0	16	8.0×*n*
HGB-10/7.5	0～9	0～9	0～9	10	20	10×*n*
HGB-12/11	0～6	0～6	0～6	12	24	12×*n*
HGB-16/14	0～5	0～5	0～5	16	32	16×*n*

三峡水利枢纽工程采用了气压自动电子化学灌浆系统，并配备了电子计量设备，实现了化学灌浆自动化。气压自动电子化学灌浆系统见图 3-7。

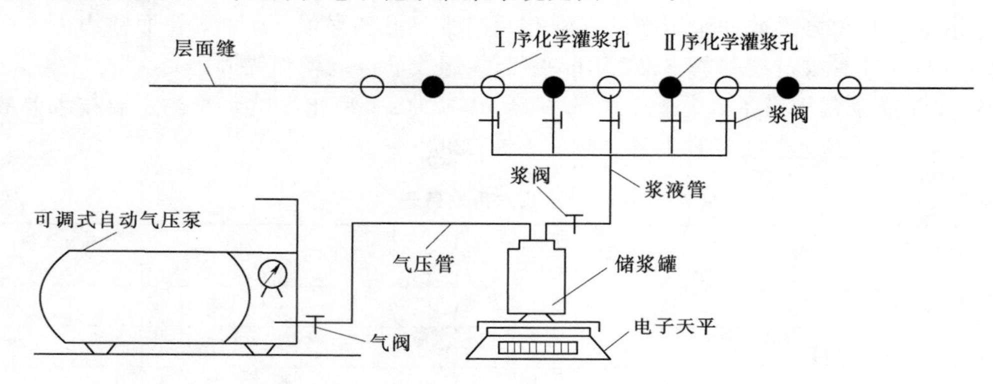

图 3-7　气压自动电子化学灌浆系统图

C. 灌浆参数。裂缝化学灌浆的一般参数见表 3-24。

表 3-24　　　　　　**裂缝化学灌浆的一般参数表**

结构类型	灌浆压力/MPa	结束标准		压力屏浆		灌浆次序
		时间/min	吸浆率/(L/min)	时间/min	压力降/%	
轻型	0.1～0.5	30	≤0.01	60	≤50	位置由低到高，漏量由大到小，方向由深到浅，压力由小到大
大体积	0.3～0.7（或更高）	30	≤0.01	60	≤50	

注　1. 一孔进浆，其余孔敞开，排浓浆时转孔。
2. 结束标准指最后一个灌浆孔。
3. 屏浆不合格，继续灌浆 1h 结束。

3.3　工程实例

3.3.1　葛洲坝水利枢纽工程 1 号船闸混凝土裂缝加固

葛洲坝水利枢纽 1 号船闸是我国 20 世纪运行规模最大的船闸，设计规模 3000t 级，闸室有效尺度 280m×34m×5m（长×宽×槛上水深），可一次通过万吨船队。下闸首右第 2 块下游面中部在施工过程中发现一条长达 30.0m 的竖直向裂缝，裂缝表面宽度一般在 0.5mm 以下，最宽处约为 1.2mm。在对仓面进行铺筋处理之后，继续往上浇筑混凝土。随着浇筑块的上升，裂缝继续往上延伸，至 1984 年 12 月底，混凝土浇筑到顶部高程 70.00m 时，裂缝也随之延伸到闸顶。

为了恢复结构的整体性，1985 年对该裂缝进行了化学灌浆补强处理，但从 1987 年开始发现该条裂缝仍有发展趋势。船闸于 1990 年投入运行后，先后 6 次采用不同方法对该裂缝进行跟踪检测，证实裂缝缝深及范围一直缓慢发展，其裂缝面形态见图 3-8。1998 年和 1997 年检查资料比较，在环境条件变化不大的情况下，裂缝底深线变化也不大。

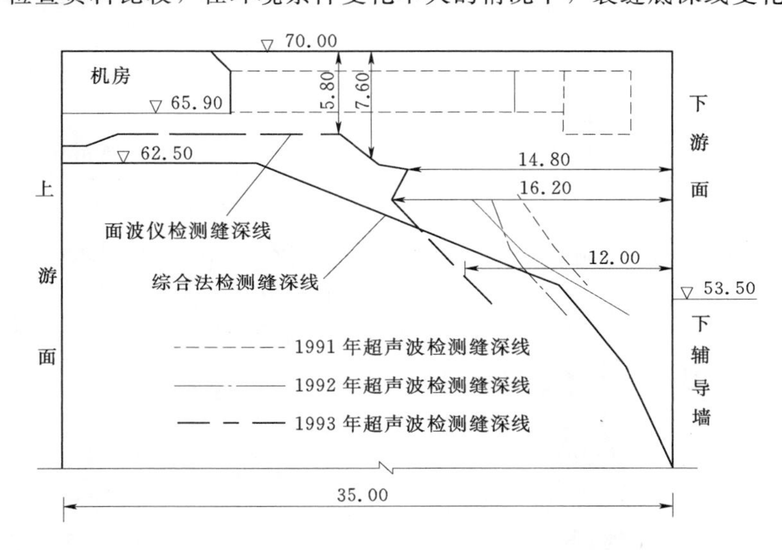

图 3-8　下右 2 块裂缝面形态示意图（单位：m）

对裂缝裂开后的混凝土进行受力计算。在裂缝开裂的情况下，裂缝处的混凝土仍然受到压应力，无拉应力产生。因此，对该裂缝的处理原则为防止裂缝进一步扩大，并最大限度地恢复裂缝的结构整体性，满足结构受力要求和缝面传力要求。综合分析后认为，最有效的措施就是对缝面施加预压应力。同时，由于裂缝开裂后，块体整体性受到破坏，雨水入渗侵蚀，会降低混凝土的耐久性，增加预应力筋的锈蚀速度，而且裂缝的存在，也会导致预应力损失加大。因此，从结构整体性、防渗要求及预应力筋耐久性设计等方面考虑，采用了预应力锚索和灌浆相结合的综合处理措施。

（1）处理标准。在预应力锚索处于张拉及锁定状态时，锚垫板下及周围混凝土压应力均小于 6.5MPa，局部拉应力不大于 0.45MPa，裂缝面缝底压应力不小于 0.5MPa。锚索张拉控制应力值取抗拉强度标准值的 0.7 倍，预应力设计时应考虑温度变化的影响。

（2）锚固形式。由于无法准确判断裂缝的位置，为保险起见，采取对穿锚，闸室墙面对穿锚锚头采取在墙面上凿槽形成。对位于水下部位的锚头采用镀锌铁皮防护帽保护，并在锚头与防护帽间灌注防腐润滑脂，外部用高强环氧砂浆回填并抹平处理。

通过有限元分析，在满足裂缝处理设计标准的前提下，论证布置了 3000kN 级预应力锚索 28 束。预应力锚索布置见图 3-9。

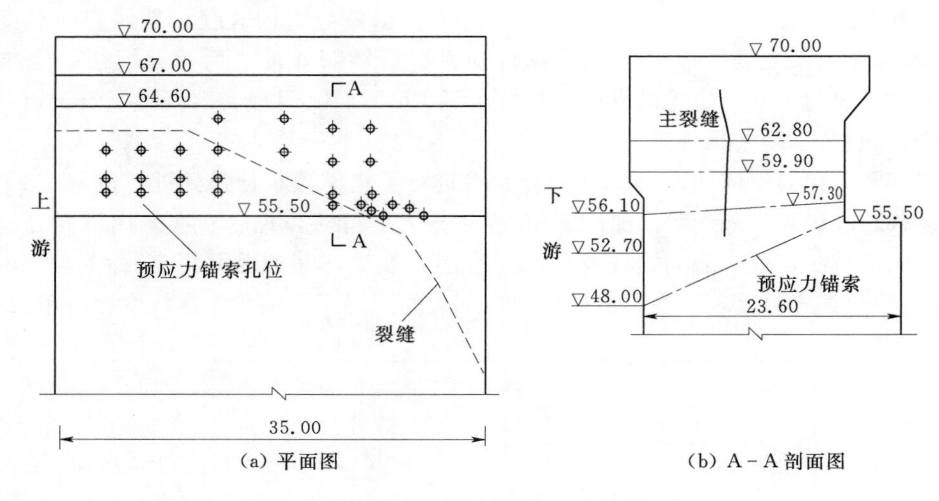

图 3-9　预应力锚索布置示意图（单位：m）

（3）裂缝的灌浆处理。裂缝灌浆在满足可灌性的前提下优先选择磨细水泥灌浆。根据工程经验，在缝宽不小于 0.3mm 时，磨细水泥具有较好的可灌性。

葛洲坝水利枢纽 1 号船闸下闸首下右 2 块主裂缝上部缝宽一般为 0.3～0.7mm，表面最宽约 1mm，下部通过钻孔彩色电视观测，裂缝宽度一般为 0.1～0.3mm，且连通性较差。

据此，最终确定对该裂缝的下部缝面选用环氧树脂浆材填压式灌注，上部则采用湿磨细水泥浆材孔内循环灌注。累计灌注湿磨细水泥 3.95t，环氧树脂浆材 90L。

（4）处理效果。1 号船闸下闸首下右 2 条裂缝加固工程于 1995 年 5 月完成，实践证明加固后的下闸首结构运行状况良好，锚索受力稳定，裂缝开度变化幅值得到了较好的控制。

3.3.2　东江双曲拱坝坝体混凝土裂缝及其处理

东江水电站双曲拱坝为变圆心、变半径双曲拱坝，顶拱中心角 82°，最大中心角 95°7′18″，对称布置。坝顶中心弧长 438m，中心半径 305.8m；水平拱为下游局部加厚的变厚拱，加厚起始点距拱冠 0.2～0.5 倍半中心角；最大坝高 157m，最大底厚 35m，顶宽 7m，厚高比为 0.223，$C_{90}35$ 混凝土方量为 94 万 m^3，水库正常高水位为高程 285.00m。为坝后式厂房，安装 4 台 125MW 水轮发电机组；左岸设一孔滑雪式溢洪道（斜切挑坎）及一级泄洪兼放空洞，右岸设二孔滑雪式溢洪道（窄缝挑坎）及二级放空洞。双曲拱坝于 1983 年 11 月 25 日开始浇筑混凝土，到 1986 年 4 月，共发现有记录的混凝土裂缝 464 条。由于坝体较高且受力复杂。因此，对混凝土的抗裂性、耐久性和均匀性等方面都有较高的要求。但是，由于东江水电站坝址区气温变幅大，夏季干燥，风速大，混凝土容易出现温度裂缝；拱坝混凝土采用的天然粗骨料虽能满足规范要求，但其风化、软弱颗粒含量较大，易破碎；砂子偏粗，且级配不均匀，所以出现的裂缝较多。

按严重裂缝、一般裂缝和微细裂缝分为三大类。仓面上裂缝横向贯穿或近乎贯穿，深度一般裂穿或几乎裂穿整个浇筑层，甚至几个浇筑层，这种状况界定为严重裂缝；在仓面上一般延伸较短，最长不超过坝段宽度的一半，侧边延伸一个浇筑层，有时也达到几个浇筑层，这种状况界定为一般裂缝；仓面上没有或极短，侧边上延伸不超过一个浇筑层，这种状况界定为微细裂缝。东江水电站大坝裂缝统计见表 3－25。

表 3－25　　东江水电站大坝裂缝统计表

项目	1983年11月至1984年7月			1984年11月至1985年5月			1985年			1986年4月		
裂缝条数	177			74			179			34		
平均条数/(条/万 m^3)	26.4			4.17			12.18			3.0		
裂缝性质/条	严重	一般	微细	严重	一般	微细	严重	一般	微细	严重	一般	微细
	41	62	74	0	2	72	1	13	165	0	2	26
原因说明	该阶段混凝土入仓手段不完善，浇筑速度慢，严重影响混凝土的质量和均匀性			设计拌和系统投产，采取了一定的温控防裂措施			对横缝面的保温注意不够，由于坝址处风大，导致横缝面裂缝较多			基本满足要求		

（1）裂缝分析。1983 年 11 月至 1984 年 7 月，浇筑混凝土 6.7 万 m^3，产生了 41 条严重裂缝，位于河床最高坝段受力较大的部位。对这些裂缝进行上部混凝土覆盖前，在裂缝顶部布置了双层并缝钢筋，这对限制裂缝的开展，起到了一定的作用。同时，混凝土性能也较差，存在的问题主要是抗压强度超强较多，混凝土拉压强度比偏低，早期弹性模量高，混凝土的抗拉、抗裂性能差。

根据断裂力学研究，拱向裂缝处于压剪状态，某些缝端的应力强度因子超过了混凝土的断裂强度，裂缝将会进一步扩展；另外，库水一旦沁入裂缝，将恶化缝端应力和稳定条件。

（2）裂缝处理措施。经过分析，对裂缝采取补强坝体结构，阻止库水进入裂缝、阻止裂缝进一步发展和局部挖除等综合处理方案，拱冠剖面裂缝处理措施见图 3－10。

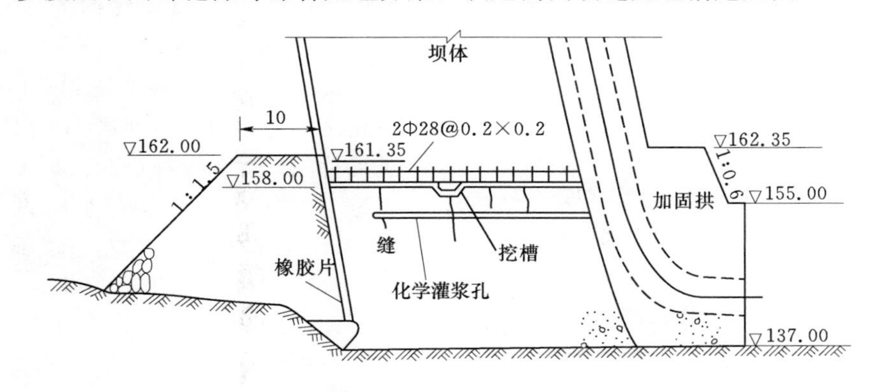

图 3－10　拱冠剖面裂缝处理措施示意图（单位：m）

坝后加固方法：利用坝后已有引水钢管镇墩形成加固拱，做好坝和镇墩、坝和两岸基岩之间的结合嵌固，保证坝体和镇墩形成整体以加固坝体结构，弥补裂缝对坝体承载能力和应力的影响。铺设并缝钢筋，限制裂缝开展。坝踵填筑黏土，以提高该部位温度场，减少这部分坝体Ⅱ期冷却的温差，有利于防止裂缝继续开展。

重点挖除：对靠近上游面的径向裂缝和严重的拱向贯穿裂缝进行挖除。

对裂缝采用环氧进行灌浆，以弥合裂缝、防止库水渗入裂缝，并补强坝体结构。对坝体上游面高程 161.35m 以下，采用粘贴氯丁橡胶片进行防渗。

（3）裂缝处理后的防渗效果评价。通过采取压水和取样检查，埋设测缝计、应变计、钢筋计等观测仪器，辅以外部检查。结果表明东江大坝裂缝处理效果良好，达到了坝体整体性、防渗性和补强结构的目的，保障了原大坝的设计指标。

3.3.3 陈村水电站大坝裂缝处理

安徽省泾县的陈村水电站，位于长江支流青弋江上，是一座以防洪、发电、灌溉为主，兼有航运等综合效益的水电站，水库总库容 24.74 亿 m^3，为多年调节水库。坝型为重力拱坝，最大坝高 76.3m；厂房位于河床中部，装有 3 台单机容量 50MW 的水轮发电机组，年发电量 3.16 亿 kW·h；厂房坝段两侧，有岸坡滑雪式溢洪道及坝内中孔、底孔、分别宣泄各种不同频率的洪水。右岸有斜坡式升船机，通航能力 30t 级，年货运量 27 万 t。水电站大坝建成后留下较多隐患，被迫降低水位运行。坝址地处峡谷，坝基为志留系砂页岩、地质条件较复杂；为此采取了一系列的加固补强措施：坝基帷幕丙凝灌浆、坝基断层水泥固结灌浆、坝面裂缝改性环氧补强灌浆、横缝聚氨酯止漏封堵、尾水渠岸坡喷锚保护及溢洪道导水墙加高加固。随着各项处理工程的完成，陈村水电站大坝的安全性得以逐步恢复提高，并投入正常使用。下面对陈村水电站大坝混凝土坝体补强和堵漏措施进行简要介绍。

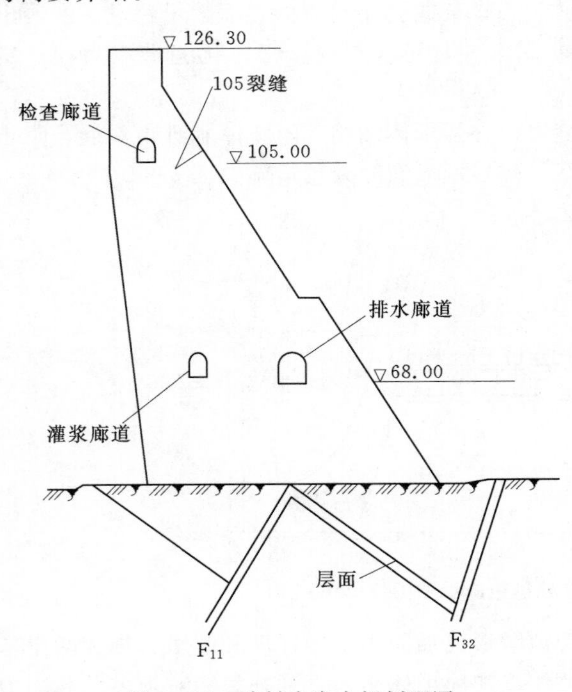

图 3-11　陈村水库大坝剖面图

（1）面裂缝补强处理。陈村水库大坝下游面高程 105.00m 附近，有大规模的水平裂缝，简称 105 裂缝（见图 3-11），它不仅横贯 5～28 号所有坝段，且有的坝段存在 2～3 条近似平行的水平裂缝，累计约 450 延米。表面缝宽 0.1～0.5mm，个别坝段缝宽达到 7mm。经采用超声波对测法，对河床 10～21 号坝段进行检测，发现缝深已超过 5.0m。大坝高程 105.00m 上下游方向两向宽度 18.0m，已被裂断 1/3 左右。根据计算，当库水位超过 100 年一遇水位 122.20m 时，在高程 105.00m 上游面将出现规范所不允许的拉应力，当库水位超过 1000 年一遇洪水位 124.60m 时，若高程 105.00m 上游坝面出现深达 20cm 的裂缝，则将产生失稳现象。为此，决定采用高强度的改性环氧灌浆补强处理。

1987年春天，对105个裂缝进行全面灌浆充实，总共处理裂缝619.5m，打直径42mm的灌浆孔、止浆孔628孔，钻孔总深1304.7m，贴灌浆盒133个，凿缝口混凝土3.1m^3，耗用浆液1033.7kg。施工结束后，通过耗浆量分析、凿缝、取芯检查，以及缝宽变化观测，证明裂缝已被改性环氧充填密实，预计在高水位运行时，上游坝面的应力状态将有所改善，坝体的整体性和耐久性也将得到一定程度的加强。

(2) 进水口边墙裂缝堵漏处理。在坝中孔进水口末端有一条环形裂缝，从右边墙底部一直向上，经过顶部绕过中剁末端向左侧延伸，直至左边墙。右边墙裂缝最大缝宽达到0.5～2mm。当上游水位110.00m时，漏水从缝内喷射出来，总漏量达106.6L/min，实测漏水压力和库水面相平，表明该裂缝直接与库水贯通。虽然该裂缝所在部位结构上无受力要求，但任其发展下去，无疑会影响到中孔的运行安全。处理目的是以防渗漏为主，决定采用自涨性和抗渗性好的浆材聚氨酯LW进行灌浆处理，共灌入浆液114kg，平均灌进深度约2.0m，灌后立即止漏。经过处理，当库水位超过高程110.00m时，该裂缝不再漏水。

4 局部欠密实及局部架空

水工结构混凝土局部欠密实及局部架空主要包括蜂窝、麻面、气泡、孔洞和露筋，属于表面缺陷，可用肉眼从混凝土表面上观察到。有的孔洞可从混凝土表面、观察判断，但对有些疑似较深的孔洞，需借助仪器设备进行检测。对经常容易出现孔洞的部位，可采用锤击听声音的方式进行初步判定。

4.1 局部欠密实及架空检查

在混凝土浇筑完成并拆模后，对混凝土表面可先用肉眼进行一次检查，对表面明显存在的外观缺陷如蜂窝、麻面、气泡、露筋、小孔洞等进行详细检查，使用小工具如直尺、铁丝等量测，并记录统计。对有些表面孔洞及在混凝土浇筑过程中可能存在振捣不到的部位，有可能存在内部欠密实或局部架空的现象，还需借助一些仪器或机械进行内部孔洞大小和深度的检查。

4.1.1 钻孔检查法

钻孔检查主要有两种方法，即手风钻钻孔检查法和回转钻机钻孔取芯检查法。

（1）手风钻钻孔检查法。手风钻移动比较方便，转移时操作人员可直接将手风钻扛抬至检查部位，供风设备（空压机）可就近连接风管到检查部位。检查部位场地狭小、不要求取混凝土芯检查的可采用此方法，风钻钻头直径一般为 42mm。

在风钻钻进过程中，可从钻头在混凝土内钻进时是否掉钻、卡钻、钻孔内是否冒水或漏水、孔壁是否存在坍孔、是否发生进尺突变等来判定混凝土内部是否存在架空现象。

（2）回转钻机钻孔取芯检查法。对需要钻孔取芯检查的混凝土部位可采用回转钻机钻孔取芯，一般选用直径为 50mm 或 70mm 的金刚石钻头。

在钻进过程中，可从钻头在混凝土中钻进时是否掉钻、卡钻、钻孔内是否产生冒水或漏水、孔壁是否存在塌孔、是否发生进尺突变等来判定混凝土内部是否存在架空现象。通过混凝土芯样的获得率可以分析判断混凝土内部是否均匀完整，也可通过孔内电视和录像直观地检查混凝土内部架空体的形状和大小。

回转钻机钻孔取芯法相对风钻钻孔检查法来说，造价较高，但对混凝土内部架空现象的检查较全面，获得的检查成果较多，通过获得的多项检查成果可有选择地进行缺陷处理。

检查标准以混凝土内部架空体性质而论，基本可分成两大类：大面积串漏架空（Ⅰ型）和局部封闭架空（Ⅱ型）。类型不同，检查方法也不同，检查方法见表 4-1。

表 4-1　　检查方法表

类别	性状	产生原因	危害	检查方法		
				机钻孔	风钻孔	
					干孔	湿孔
Ⅰ	大范围内串漏型	混凝土大范围内严重分离，砂浆流失	危及建筑物安全运行、导致挡水结构渗水、漏水	压水	压风注水	压水①
Ⅱ	局部封闭型	欠振、漏振，局部混凝土分离或砂浆流失	降低结构安全度和耐久性	抽水	注水	抽水

① 漏水严重且为干孔时，检查方法同干孔。

4.1.2 超声波检查法

无损检测（Non Destructive Testing，简称 NDT）是在不损坏工件或原材料工作状态或结构物表面形态的前提下，对被检验物的表面和内部质量进行检查的一种检测手段。超声波检测也称超声检测、超声波探伤，是无损检测的一种。

（1）超声波的特点。

1）超声波声束能集中在特定的方向上，在介质中沿直线传播，具有良好的指向性。

2）超声波在介质中传播过程中，会发生衰减和散射。

3）超声波在异种介质的界面上将产生反射、折射和波型转换。利用这些特性，可以获得从缺陷界面反射回来的反射波，从而达到探测缺陷的目的。

4）超声波的能量比声波大得多。

5）超声波在固体中的传输损失很小，探测深度大，超声波在异质界面上会发生反射、折射等现象，尤其是不能通过气体固体界面。如果混凝土中有架空等缺陷（缺陷中有气体），超声波传播到混凝土与缺陷的界面处时，就会全部或部分反射。反射回来的超声波被探头接收，通过仪器内部的电路处理，在仪器的荧光屏上就会显示出不同高度和有一定间距的波形。可以根据波形的变化特征判断缺陷在混凝土中的深度、位置和形状。

（2）超声波探伤优缺点。优点是检测厚度大、灵敏度高、速度快、成本低、对人体无害，能对缺陷进行定位和定量。缺点是超声波探伤对缺陷的显示不直观，探伤技术难度大，容易受到主客观因素影响，以及探伤结果不便于保存，超声波检测对工作表面要求平滑，要求富有经验的检验人员才能辨别缺陷种类，故超声波探伤也具有其局限性。

具体检测方法可参照《超声波检测混凝土缺陷技术规程》（CECS 21∶2000）的规定执行。

4.2 局部欠密实的补强标准

对混凝土表面的蜂窝麻面、露筋等表面不密实现象，可直接以肉眼观察。而内部架空则需通过钻孔及相应的检查手段（压水、注水、抽水和压风等）才能判明。至于判定标准，除明显可观察到的外，国内尚无统一的标准，现列举葛洲坝水利枢纽工程和三峡水利枢纽工程的标准如下。

4.2.1 葛洲坝水利枢纽工程的补强标准

葛洲坝水利枢纽工程的补强判定标准见表 4-2。

表 4-2　补强判定标准表

检查方法	适用钻孔类型	检查技术要求	检查成果	缺陷标准	
				Ⅰ型	Ⅱ型
压水	机钻孔	一般控制孔口压力为 0.1MPa，自上而下，边钻进，边压水。段长与事故层相应，一般为 2～5m。稳定标准为 30min 内 $Q_{大}-Q_{小}\leqslant 15\%Q_{平均}$（$Q$ 为漏水率 L/min）	单位漏水率 ω [L/(min/m)]，漏水率(L/min)，总进水量（L 为去孔容的水量）	$\omega>0.01$ $Q>0.1$ 甚多	$>6L$①
注水	风钻孔（干孔）	控制注水总量不大于孔容 +15L，观测 15min	总注水量（L 为去孔容的水量），漏水率(L/min)	甚多 >0.1	$>6L$②
抽水	风钻孔（湿孔）机钻孔	风钻孔不分段，机钻孔分段同压水。从孔口抽至水位下降到距孔底 0.5m，计入抽水量。之后，每隔 5～10min 抽至同样深度，计算孔内涌水量。每孔（段）历时不少于 1h	总抽水量（L，去孔容的水量），涌水率(L/min)	甚多 >0.1	$>6L$③
压风	漏水严重的机、风钻孔	所用风压根据结构厚度确定，严防抬动，一般孔压力控制在 0.05～0.1MPa。压风时间不大于 15min。在怀疑串漏部位贴纸或刷肥皂水，以利直观检查，并注意有否回风	串漏范围	大	不串
			漏风量（进风量）	大	甚小

①、②、③　孔深 5～10m 的钻孔，孔深大于 10m 时，依此类推。

4.2.2 三峡水利枢纽工程的补强标准

以三峡水利枢纽工程二期、三期工程主体建筑物混凝土表面缺陷的修补和处理要求为例。

按三峡水利枢纽工程主体建筑物的运行条件和功能，将表面缺陷处理分为两类：A类为过流面、B类为非过流面。A类又分为 A-1 区、A-2 区，B类再分为 B-1 区、B-2 区和 B-3 区。具体分类说明见表 4-3。

表 4-3　三峡水利枢纽工程表面缺陷补强判定分类说明表

序号	分区	说　明	分类判定标准	
			表面蜂窝、麻面、气泡密集区	单个气泡
1	A-1	在高速水流作用下，运用要求高，日后检修困难部位，其缺陷修补要防止产生空蚀、冲刷和剥离造成的过流面破坏。包括导流底孔、泄洪深孔、泄洪表孔、排漂孔及其泄水槽、排沙孔、厂房尾水渠边墙排沙孔出口下游 30m 内（高程 62.00m 以下）、永久船闸地下输水系统及闸室输水廊道和各分流口等部位的过流面	缺陷深度小于 5mm	外露直径不小于 2mm
			缺陷深度不小于 5mm	外露直径小于 2mm

续表

序号	分区	说明	分类判定标准	
			表面蜂窝、麻面、气泡密集区	单个气泡
2	A-2	长期运行在水下，主要受低速水流作用，其缺陷修补要满足过流面平整度及耐久性要求。包括水电站进水口、拦污栅墩、水电站尾水扩散段、厂房尾水渠左边墙62m以下（不含排沙孔出口下游30m内）、永久船闸底板纵向出水支廊道、船闸上下游泄水箱涵、左右导墙高程83.00m以下、泄1～23号坝段下游面高程83m以下等部位	缺陷深度小于10mm	外露直径不小于5mm
			缺陷深度不小于10mm	外露直径小于5mm
3	B-1	永久船闸闸室（首）边墙坎上水深5m以上和升船机上闸首高程145m以上边墙迎水面，其缺陷处理应满足外观和防止船舶擦墙受损要求	缺陷深度小于10mm	外露直径不小于10mm
			缺陷深度不小于10mm	外露直径小于10mm
4	B-2	有外观要求的永久暴露面，其表面缺陷对建筑物安全运行影响不大，处理原则以注重外观且尽量不损伤混凝土面为宜。包括大坝上下游坝面（含水上和水位变化区）、主体建筑物廊道、水电站主副厂房高程82.00m以上、永久船闸一闸首排架柱等部位	缺陷深度小于10mm	外露直径不小于10mm
			缺陷深度不小于10mm	外露直径小于10mm
5	B-3	无外观要求的永久暴露面和隐蔽面，其缺陷可用简易方法处理。包括大坝上游水下、船闸背水面和闸室（首）坎上水深5m以下，纵缝和横缝等部位	缺陷深度小于10mm	
			缺陷深度不小于10mm且小于25mm	
			缺陷深度不小于25mm	

4.3 局部欠密实及架空的补强处理

对混凝土不密实补强应针对其所在部位采用不同的方法。对混凝土内部欠密实及架空，一般采用水泥灌浆进行处理；对发生在止（排）水系统附近、门槽金属预埋件附近及水轮机组金属结构部分与二期混凝土及三期混凝土附近存在脱空、架空的，内部孔洞范围不大，但存在的孔洞对建筑物及设备的运行有较大影响必须进行处理的，可采用化学灌浆的方法进行处理；对高速水流表面附近及外露蜂窝、麻面、露筋、表面孔洞和气泡等，凿除后根据范围大小，可采用高标号干硬性水泥预缩砂浆、高标号细石混凝土、水泥改性砂浆或聚合物砂浆（混凝土）、环氧胶泥等进行修补；对不便修补的护坡、护岸及其他无美观要求部位，可采用喷混凝土修补。欠密实混凝土修补方法及材料见表4-4。

表 4-4　　　　欠密实混凝土修补方法及材料表

序号	欠密实类型及部位	适用的修补方法及材料
1	混凝土内部	水泥（水泥砂浆）压力灌浆
2	外部蜂窝麻面、露筋等（非过流面）	干硬性预缩砂浆、高标号水泥砂浆、水泥改性砂浆修补，面积较大时，亦可采用喷浆（混凝土）
3	过流面不密实	凿除欠密实体，以高强水泥砂浆、水泥改性砂浆、聚合物砂浆、硅粉砂浆（混凝土）等高强度材料修补（标号应不低于原混凝土）
4	预埋件、止水片及水轮机蜗壳、座环或钢衬部位附近局部脱空	采用化学灌浆（如环氧浆液），预留排气孔，必要时补灌二序
5	护坡、护岸及其他大面积表层脱空且无外观要求	喷浆（混凝土）标号不小于原混凝土标号

4.3.1 水泥浆液灌注

（1）布孔原则。

1）少打孔多灌浆。尽量利用检查孔和排气孔作为灌浆孔，以减少打孔给混凝土造成的破坏，做到一孔多用。

2）布孔时由稀到密。发现不密实体时，应先在附近钻孔，有目的地打孔，切忌均匀布孔。当Ⅰ序孔灌浆时，在允许的条件下尽量采用较高的灌浆压力，防止入不敷出（即灌入的水泥浆少于打出的混凝土芯）。

（2）灌浆技术要求。

1）钻孔。以风钻孔为主，钻孔的孔排距：Ⅰ序孔为 3.0～6.0m，Ⅱ序孔为 2.0～4.0m，Ⅲ序孔不大于 1.5m，视串漏的大小而增减。在新灌浆孔 6.0m 范围内钻孔时，要求间隔时间不应少于：钻灌浆孔时 2～3d；钻检查孔时为 7d；钻鉴定孔时为 28d。

2）灌浆分组分段和灌浆压力。

A. 按钻孔漏水率，钻孔分组灌浆要求见表 4-5 进行钻孔分组，并联灌浆。并联孔数应与供浆能力相适应。

B. 灌浆压力选定，与被灌混凝土的结构尺寸及架空程度有关，一般参照表 4-5 确定。起始压力 0.1MPa，以后每隔 5min 升压 0.05MPa。

表 4-5　　　　钻孔分组灌浆要求表

同组钻孔单孔漏水率 /(L/min)	最多并联孔数	灌浆压力 /MPa	备注
灌注不满或大面积串漏	2	0.15	采用孔内循环灌浆
>0.5	3	0.20	
0.1～0.5	4～5	0.25	

C. 混凝土内钻孔，一般不分段灌浆；如钻孔深入基岩，则要求在混凝土与基岩接触面以上 0.5m 处用阻塞器阻塞，然后分段灌浆。

3）封闭灌浆及洗缝平压。当混凝土架空与结构缝串通，或灌浆机满足不了在设计压力下连续供浆时，采取划区封闭，分隔灌浆。封闭灌浆孔除了进行串漏试验外，封闭灌浆要求见表4-6。在结构缝附近灌浆时，缝内应通水平压。洗缝压力在封闭灌浆时0.1MPa，补强灌浆时应稍低于灌浆压力，洗缝在灌浆后延续5h结束。

表4-6　封闭灌浆要求表

孔与缝间距/m	孔距/m	孔深	浆液水灰比	灌浆压力
2～4	1.5	大于架空层	0.6∶1	无压

注　串漏时应止漏或将水灰比改为0.5∶1间歇灌浆。

4）排水措施。在每组灌浆孔中，选定1～2个串漏性好、位置适中的孔作为排水孔，或钻专用排水孔。排水孔排水、排浆、倒灌要求见表4-7。

表4-7　排水孔排水、排浆、倒灌要求表

<table>
<tr><td colspan="2">孔内排水</td><td colspan="2">间歇排浆</td><td>倒灌条件</td></tr>
<tr><td colspan="2">逐孔吹干</td><td colspan="2">排浆浓度达0.8∶1</td><td rowspan="3">1. 排浆浓度达0.8∶1，20min不出浆；
2. 进浆孔平均单孔进浆量小于0.1L/min，排水作用不明显或堵塞</td></tr>
<tr><td>吹风/min</td><td>间歇/min</td><td>排浆/min</td><td>间歇/min</td></tr>
<tr><td>2～3</td><td>5～10</td><td>3～5</td><td>10～15</td></tr>
</table>

5）灌浆浆液浓度及变浆标准。按混凝土设计标号高低选用新鲜P.O32.5～P.O42.5普通硅酸盐水泥拌制，浓度分为三级，水灰比为1∶1、0.8∶1和0.6∶1（漏水率大于2L/min者，可从0.8∶1开始），结束灌浆的浆液水灰比为0.6∶1，变浆标准可按表4-8控制。

表4-8　变浆标准表

<table>
<tr><td>最多并联孔数</td><td>单孔漏水率/(L/min)</td><td>单孔平均进浆量/L</td><td>变浆标准</td></tr>
<tr><td>3</td><td>>0.5</td><td>50</td><td rowspan="2">吸浆量不减少时，变浓一级</td></tr>
<tr><td>4～5</td><td>0.1～0.5</td><td>40</td></tr>
</table>

注　在同级浆体的吸浆量达到上述标准，但出现下列情况时不变浆：1. 吸浆率大于0.5L/min；2. 压力不变，吸浆量均匀减少或吸浆量不变，压力均匀升高。

6）灌浆结束标准。灌浆结束标准及要求见表4-9。

表4-9　灌浆结束标准及要求表

<table>
<tr><td>并联孔数</td><td>≤2</td><td>≥3</td></tr>
<tr><td>吸浆率/(L/min)</td><td><0.2</td><td><0.4</td></tr>
<tr><td>说明</td><td colspan="2">达到标准后，在设计压力和浓度下继续灌30min</td></tr>
</table>

7）屏浆。屏浆要求见表4-10。

表 4-10 屏浆要求表

孔组吸浆量/L	>300	300~50	<50
屏浆时间/min	60	30	0
屏浆压力/MPa	设计最大压力		
允许压力降/%	≤25		

注 当压力降超过允许值，进行二次、三次屏浆仍无效时，继续灌浆 30min 结束，结束后缓慢降压，拆除管路、封堵孔口。

8）封孔。用干硬性砂浆（预缩砂浆）分层回填捣实，表面抹平收光，过流表面应符合相应部位的平整度要求。

9）灌浆事故的防止与处理。

A. 上部混凝土压重不能满足灌浆压力的部位，应通过计算，用锚筋加固并装置千分表进行严密监视。

B. 灌浆管路和行浆通道有阻塞征兆时，立即检查其管路或把浆液浓度回稀一级。若仍无效且灌浆间断超过 30min，则该组孔即告作废。

C. 浆液外漏时，除进行堵漏外，还可越级变浓浆、降压、间歇灌注，间歇时间 10~20min。

（3）质量检查与鉴定。

1）质量合格标准。

A. 末序孔在设计灌浆压力下平均单孔吸浆量不大于 6.0L/min（扣除孔容）。

B. 检查孔在 0.2MPa 压力下，压水 30min，单孔总漏水量不大于 6L（扣除孔容）。

2）质量鉴定。

A. 以机钻取芯，观察水泥结石充填状况。

B. 对芯样进行容重、抗渗和抗压等物理力学性能测定。

C. 鉴定孔压水和孔内电视、录像。

当质量不能满足要求时，应重新进行灌注（Ⅱ序或Ⅲ序）。

4.3.2 化学浆液灌注

水轮机组的蜗壳、座环下的衬板及金属结构预埋件附近等，虽在混凝土浇筑中采取了一些措施，但由于工作面狭窄、钢筋密集等原因，混凝土下料和振捣困难，往往会造成局部架空或脱空。这些架空体一般范围不大，质量要求较高，宜采用化学灌浆处理。

（1）检查。一般采用锤击，声音似击鼓者为不密实。通过检查即可确定架空范围，并予以标志，留待化学灌浆处理。

（2）化学灌浆。在钢板上打孔，可采用磁力电钻打直径不小于 20mm 左右的小孔，并外焊灌浆管，孔排距可控制在 20~30cm。灌浆时，1 孔进浆，待邻孔出浆后，换孔灌注并依次推进。灌浆压力的选用应考虑结构安全，一般采用 0.2MPa。

化学灌浆材料多用普通环氧浆液，也可用甲凝。后者黏度比前者低，可灌性更好，但浆体硬化时体积稍有收缩。葛洲坝水利枢纽工程化学灌浆补强全部采用环氧灌液，石门水电站开始采用环氧灌液，后改用甲凝。

（3）化学灌浆施工方法。化学灌浆根据所使用的灌浆材料不同，施工方法较多，具体

方法可参考本书相关的灌浆施工方法。

4.3.3 凿除后填补砂浆

对混凝土表面欠密实的蜂窝、麻面、露筋、气泡等缺陷，可先将缺陷部位混凝土凿除。凿坑边缘应形成 1∶1 以上的陡坡。以水泥类材料填补时，最小坑深应不小于 2cm；以聚合物材料填补时，坑深应不小于 1cm，填补材料的标号应不低于基材。

水泥类填补材料包括干硬性水泥预缩砂浆、细石混凝土、水泥改性砂浆（氯丁砂浆、氯偏砂浆等），聚合物类包括环氧砂浆（混凝土）、丙烯酸—环氧砂浆、丙乳砂浆、环氧胶泥等。

过流面修补多选用聚合物类和改性水泥类材料，因为这类材料的抗压强度、与基材的黏结强度、抗冲磨和抗空蚀强度均高于水泥类材料。但高分子材料的抗老化性能往往不及水泥，且与水泥类材料的线胀系数不同，故用在长期暴露部位时应慎重对待。也可用环氧基液和高标号水泥修补过流面，配制时加入 15%的改性剂“光油”环氧基液在修补过流面时作黏结剂，高标号水泥砂浆护面，具有较高的抗冲耐磨性能；如在大化水电站 1 号、2 号溢流坝过水面采用此法修补，修补面积达 2000 多 m^2，经过 500d 的 30m/s 流水冲刷，无剥落的现象。

对表面有钢筋网的混凝土缺陷部位，可参照图 4－1 的方法进行修补。

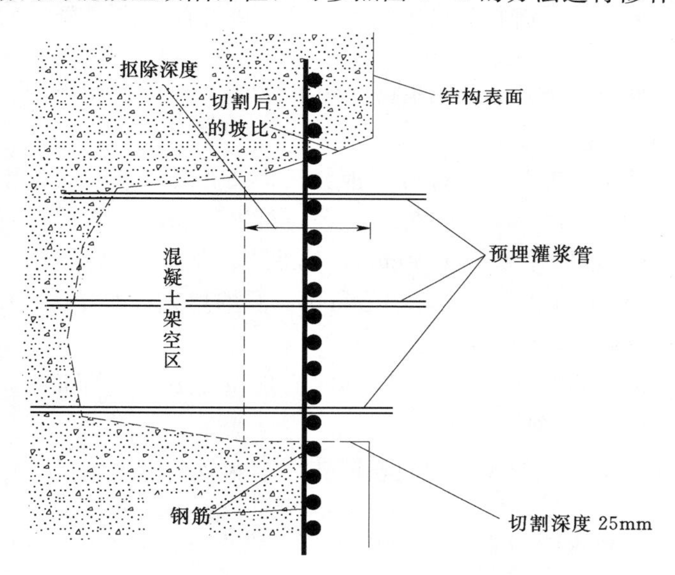

图 4－1　钢筋网附近表层架空修补示意图

对于顶拱区域外露架空，应采用立模浇筑混凝土，但标号应不低于基材。

（1）预缩水泥砂浆。预缩水泥砂浆是经拌和好之后再归堆放置 30～90min 才使用的干硬性砂浆。预缩砂浆具有较高的强度，修补处于高流速区的结构表层缺陷，不仅可以保证强度和平整度，而且其收缩性小，成本低廉，施工方便。预缩砂浆用的水泥宜选用与原混凝土同品种的高标号新鲜水泥，并选用质地坚硬的、并经过 1.6mm 或 2.5mm 孔径筛过的河砂或人工砂，其细度模数控制在 1.8～2.2 之间，减水剂溶液的浓度为 10%。

1）配合比。预缩水泥砂浆的施工配合比参数见表 4-11。

表 4-11　　预缩水泥砂浆的施工配合比参数表（每 65L 修补材料用量）

W/C	灰砂比	ZB-1A/%	水泥/kg	砂/kg	水/kg	减水剂溶液/kg
0.3	1/1.8	0.4	50	90	13	2.0

2）预缩水泥砂浆力学指标。

A. 抗压强度不小于 45MPa。

B. 抗拉强度不小于 2.0MPa。

C. 与混凝土的黏结强度不小于 1.5MPa。

3）施工方法。材料称量后进行拌和（合适的加水量不要一次加完，以拌出的砂浆可用手握成团，手上有湿痕而无水膜为宜），用塑料布覆盖砂浆，存放 0.5～1.0h；然后按施工程序分层（每层厚 4～5cm）铺料和捣实（捣实后的层厚 2～3cm ），每层捣实到表面出现少量浆液为度，面层用抹刀反复抹压至平整光滑；最后，覆盖湿养护 6～8h；为提高砂浆强度，改善和易性，可加入适量的外加剂（如木质素磺酸钙、高效能减水剂）

4）施工要求

A. 采用预缩砂浆修补，其修补厚度不小于 25mm，特殊情况除外。

B. 修补部位的老混凝土面必须凿毛清洗干净，修补前要求混凝土面湿润，但不要形成水膜或积水。

C. 配制好的预缩水泥砂浆（未加缓凝剂）必须（夏天）在 2h，（冬天）在 4h 内使用完毕，超过时间不得使用。

D. 预缩水泥砂浆的填充施工应按分层铺料捣密实、逐层填充的程序进行。填充预缩水泥砂浆前，先在接触面涂一薄层稠状水泥浆（厚约 1mm，$W/C=0.4$），然后再分层填入预缩水泥砂浆。每层铺料厚度 20～30mm，然后用木槌敲打捣实至表面出现少许浆液。各修补层间用钢丝刷刷毛有利于结合，再进行下一层的填充，如此连续作业直至其外表面与结构面齐平为止，表面要求抹光。

E. 对位于顶拱的缺陷修补，应采用特制的工具和切实可行的工艺，保证修补的预缩水泥砂浆与混凝土能良好黏结。

5）养护。采用预缩水泥砂浆修补的部位施工完成后，应用湿草袋覆盖，保温保湿养护 7d。

6）常规检查。预缩水泥砂浆填补完成 3d 后，用小锤轻击砂浆表面，声音清脆者为质量良好；若声音沙哑或有“咚咚”声音，说明内部存在成层脱壳或结合不良现象，应凿除重补。

（2）小一级配混凝土修补。

1）修补材料要求。采用比修补部位混凝土高一标号的小一级配混凝土做修补材料。

2）小一级配混凝土配合比。小一级配混凝土配合比，根据工程现场试验室所做的配合比试验报告来确定。

3）小一级配混凝土拌制。现场人工拌制。拌制现场打扫干净，在拌制场地铺一层铁皮，每次拌和量视修补量而定，最大一次拌和量不超过 $0.1m^3$。严格按配比要求进行各种材料的称量。应充分拌和均匀，在满足施工要求的前提下尽量减少用水量。以能手捏成团，手上有湿痕而无水膜为准。拌和均匀后，归堆存放预缩 30min 左右。

4）基面处理。基面凿挖的形状、深度、范围经验收符合要求后，清除基面松动颗粒，用清水反复冲洗干净，用棉纱蘸干积水，基面湿润但无积水。

5）小一级配混凝土填补。小一级配混凝土填补厚度不小于 100mm。修补前，先在基面上涂刷一道水灰比不大于 0.4 的浓水泥浆作黏结剂，然后分层填补混凝土。每层填补的厚度为 30 ～40mm，并予以捣实，各层修补面用钢丝刷刷毛有利于利结合。填平后进行收浆抹面，并使其表面与周边成型混凝土平滑连接，用力挤压使其与周边混凝土接缝严密。

6）养护。混凝土修补完 8～12h 后，用草袋覆盖养护，经常保持湿润，由专人负责养护，使之处于潮湿状态 14d。

7）常规检查。混凝土修补 7d 后，用小锤敲击表面，声音清脆者为合格，声音发哑者，应凿除重补。

（3）聚合物水泥砂浆。聚合物水泥砂浆作为防渗、防腐、防冻材料，已在水工混凝土建筑物修补工程中得到广泛应用。聚合物水泥砂浆，是通过向水泥砂浆中掺加聚合物乳胶改性而成的一类有机与无机的复合材料。聚合物的引入提高了水泥结石的密实性、黏结性，又降低了水泥结石的脆性。与普通水泥砂浆相比，聚合物水泥砂浆的弹模低、抗拉强度高、极限拉伸值高以及与老混凝土的黏结强度高。由此，聚合物水泥砂浆层能承受较大振动、反复冻融循环、温湿度强烈变化等作用。耐久性优良，适用于恶劣环境条件下水工混凝土结构的薄层表面修补。

聚合物分为三类：聚合物乳液、水溶性聚合物或单体、粉末状聚合物。常见聚合物及其性能见表 4－12。

表 4－12　　常见聚合物及其性能表

聚合物种类	丙乳（PAE）	氯丁胶乳（CR）	丁苯胶乳（SBR）	氯偏胶乳（PVAC）
固形物含量/%	46	42	48	50
稳定剂种类	非离子	非离子	非离子	非离子
密度（26℃）/(t/m^3)	1.09	1.10	1.01	1.09
pH 值	9.5	9.0	10.0	2.5
黏度(20℃)/(MPa·s)	250	10	24	17
表面张力（26℃）/Pa	4.0	4.0	3.2	—

聚合物水泥砂浆配合比设计与普通水泥设计不同，是结合使用要求综合考虑其抗压、抗拉、抗渗、防腐以及黏结性能等进行设计。在配合比参数中，聚灰比（乳液中固形物量与水泥的质量比）是主要控制参数。一般聚灰比为 10%～25%；灰砂比为 1∶1～1∶3；水灰比为 0.22～0.40。施工方法有人工涂刷、喷涂以及灰浆机湿喷，能大大提高施工速度和施工质量。

（4）环氧胶泥。

1）环氧胶泥适用的条件。环氧胶泥适用的修补条件，主要是表面一直比较干燥，通风条件比较好的部位；对于表面一直处于潮湿状态，仅靠短期加热烘干表面后不宜大面积刮涂环氧胶泥。

2）环氧胶泥拌制。环氧胶泥配合比见表4-13。

表4-13　环氧胶泥配合比表

组分名称	环氧基液		基液：水泥
	1438（A组分）	1438（B组分）	
配比	2	1	1：(0.5～0.8)

注　1438为上海麦斯特厂生产的双组分（A、B）环氧基液；水泥为P.O52.5中热硅酸盐水泥，以上为重量比。

环氧胶泥拌制时，按其施工配合比将A、B两组分混合，手工搅拌均匀即可使用。

3）基面处理。

A. 将混凝土表面松散表皮磨除，直至密实混凝土，表面磨光磨平。

B. 用钢丝刷、钢钻清除基面松动颗粒，采用高压水反复冲洗基面。

C. 基面冲洗干净后，用碘钨灯充分烘干基面，修补基面应清洁干燥。

4）环氧胶泥涂刮。用环氧胶泥把混凝土基面上的孔洞填补密实，固化后进行胶泥涂刮，涂刮分两次或多次进行，来回刮并挤压，将修补物内的气泡排出，以保证孔洞内充填密实和胶泥与混凝土面的黏结牢固。修补面应光洁平整，表面不能有刮痕。

5）养护。环氧胶泥修补完后，进行保温养护，养护温度控制在20±5℃，养护期5～7d，养护期内不得受水浸泡和外力冲击。

6）常规检查。外观检查以不出现胶泥起泡为合格。

（5）环氧砂浆。

1）环氧砂浆配比。环氧砂浆配合比见表4-14。

表4-14　环氧砂浆配合比表

组分名称	E44改性环氧树脂	NE-Ⅱ固化剂	砂
配比	3	1	12

注　砂为自然风干后过1.25mm（或2.5mm）筛的人工砂。以上为重量比。

2）环氧砂浆力学指标。

A. 抗压强度不小于60MPa。

B. 与混凝土面黏结强度不小于2.5MPa。

3）施工工艺要求。

A. 采用环氧砂浆修补，其修补厚度不小于5mm。

B. 修补部位混凝土面必须清洁、干燥，以保证黏结质量。

C. 为了使混凝土面与环氧砂浆保持良好的黏结力，需先涂刷一薄层环氧基液，用手触摸有显著的拉丝现象时（约30min）再填补环氧砂浆。

D. 如果修补面为立面，要特别注意上部砂浆与混凝土的结合，防止脱空。

E. 当修补厚度超过2cm时，应分层涂抹，每层厚度为1.0～1.5cm。

4）养护。环氧砂浆的养护主要是温度控制，夏天遮阳防晒，冬天加温保温，养护温度控制20℃±5℃，养护期5～7d，养护期内不得受水浸泡和外力冲击。

5）常规检查。环氧砂浆填补完成3d后，用木槌轻击表面，声音清脆者为质量良好；

若声音沙哑或有“咚咚”声音，说明内部有结合不良现象，应凿除重补。

（6）丙乳砂浆。

1）配合比。丙乳砂浆配合比见表4－15。

表4－15 丙乳砂浆配比表

组分名称	W/C	S/C	丙乳	W/kg	C/kg	S/kg	丙乳/kg	稠度/cm
配比	0.25	1	15%	131	820	820	123	1～3

注 水泥为中热“石门”P.O42.5普通硅酸盐水泥，砂为自然风干后过1.25mm（或2.5mm）筛的下岸溪人工砂，丙乳为南京水科所生产的“NBS”水泥改性剂-丙烯酸酯共聚乳液（简称丙乳），以上为重量比。

2）丙乳砂浆力学指标。

A. 抗压强度不小于50MPa。

B. 与混凝土面黏结强度不小于2.0MPa。

3）施工工艺要求。

A. 凿除缺陷部位松散混凝土，清除松动颗粒，清洗干净并保持湿润状态（但不应有积水）。

B. 采用丙乳净浆打底，按丙乳∶水泥＝1∶2配制，均匀涂刷在修补部位，15min后可填筑丙乳砂浆。

C. 丙乳砂浆摊铺完毕后要立即压抹，注意向一个方向用力抹平，避免反复抹面，如遇气泡要挑破压紧，保证表面密实。

D. 如果修补面为立面，要特别注意上部砂浆与混凝土的结合，防止脱空。

4.3.4 喷射混凝土

由于受到工艺的限制（水灰比较高），强度一般不高，喷后工作面不平，仅适于大面积斜坡等的表面不密实覆盖和填补，主要有喷浆修补法和喷混凝土修补法。

（1）喷浆修补法。

1）喷浆修补，是将水泥、砂和水的混合料，通过喷头高压喷射至修补部位的一种修补方法，其施工方法有湿料法与干料法两种。

A. 湿料法是将水泥、砂、水按一定比例拌和后，利用喷射机及高压空气喷射至修补部位。

B. 干料法是把水泥和砂的混合料，通过喷射机和压缩空气的作用，在喷头处与水混合喷射，一般多采取干料法。

2）喷浆修补，按其结构特点，又可分为刚性网喷浆、柔性网喷浆和无筋素喷浆三种。

A. 刚性网喷浆是指喷浆层有承受水工结构中全部或部分应力的金属网。

B. 柔性网喷浆是指喷浆层中的金属网只起加固联结作用，不承担结构应力。

C. 无筋素喷浆，多用于浅层缺陷的修补。

（2）喷混凝土修补法。

1）喷混凝土，是通过喷射机施加高压将混凝土拌和料以高速注入修补部位。它的密度及抗渗能力，比一般混凝土大，强度高，黏着力大，修补作业具有快速、高效、不用模板以及把运输、浇筑、捣固结合在一起的优点。因此，其应用非常广泛。

2）为防止喷射混凝土因自重而引起脱落，可掺用适量速凝剂。为防止发生裂缝，可在喷混凝土中掺入用冷拔钢丝或镀锌铁丝制成的钢钎维。

4.3.5 表面贴玻璃钢

（1）分层间断法。表面贴玻璃钢分层间断法施工要点：

1）底料涂刷于混凝土表面上要薄而匀，避免漏涂、流挂，自然固化时间不小于6h。

2）混凝土表面凹凸不平处，要用腻嵌压填平，自然固化时间一般为12h。

3）刷一道环氧胶黏剂，贴一层环氧玻璃钢，边贴边用漆刷由中间向两边轻轻刮压平整，赶走气泡，不起趋纹，不留空腹点，要求环氧玻璃钢全部浸透，一般固化时间12h，固化后对毛刺、突边、气孔进行整修。检查合格后，再按上述程序粘贴第二层环氧玻璃钢，自然固化12h后，再最后涂刷面层环氧胶黏剂1遍。

（2）多层连续法。多层连续法施工中，涂刷打底料和刮环氧腻子与分层间断法相同。不同的是，在第一层环氧玻璃钢粘贴完毕，检查合格后，不等固化即在同部位按同样的方法连续粘贴第二层环氧玻璃钢。多层连续法施工能缩短时间，但质量不易掌握，所以操作要特别谨慎，小心轻刮，不要将前一层的环氧玻璃钢弄出突边，搭接处要仔细压紧。同样，洫层胶黏剂要使环氧玻璃钢全面浸透。

4.4 工程实例

4.4.1 葛洲坝水利枢纽二江泄水闸闸室底板

葛洲坝水利枢纽二江泄水闸闸室底板部位的混凝土采用皮带机直接入仓浇筑。经钻孔检查，发现大部分钻孔压水时互串，存在较大范围的互相连通型架空。考虑到架空层以上盖层混凝土太薄，故选用5.8t锚固钢筋锚固，防止底板抬动。共钻锚孔162个，单孔深5.2～5.8m。

共钻灌浆孔124个，总进尺497.0m，共灌入水泥10.4t。Ⅰ序孔单位耗灰28.46kg/m，Ⅱ序孔单耗为0.196kg/m。

灌浆后经打质量鉴定孔检查，混凝土密实性已满足设计要求。

4.4.2 丹江口水电站

丹江口水电站处理架空混凝土的经验是：按混凝土架空情况分层分区灌注。利用坝块顶面和宽缝侧面打风钻孔灌浆，分序逐孔加密灌浆孔。Ⅰ序孔排距5.0m，方格形布孔；Ⅱ序孔排距为2.5m，梅花形布孔。考虑到架空混凝土内部排水不畅，避免水把灌入浆液稀释，检查时绝大部分采用风钻孔，检查方法采用定量注水和间歇压风。

4.4.3 葛洲坝水利枢纽二江泄水闸中墩超声波检测

葛洲坝水利枢纽二江泄水闸共18个中墩，墩厚5.3m，高33.0m（高程37.00～70.00m），超声波检测高程37.0～43.2m。

采用CTS-10型超声检测仪，配以30kHz酒石酸钾钠换能器一对。用对测法，分别在中墩两侧布点，并按100cm×100cm间距方格布设。共布测点5000对，使用仪器5台。

检测前，清除测点污物，并涂黄油作耦合剂（见图 4-2）。

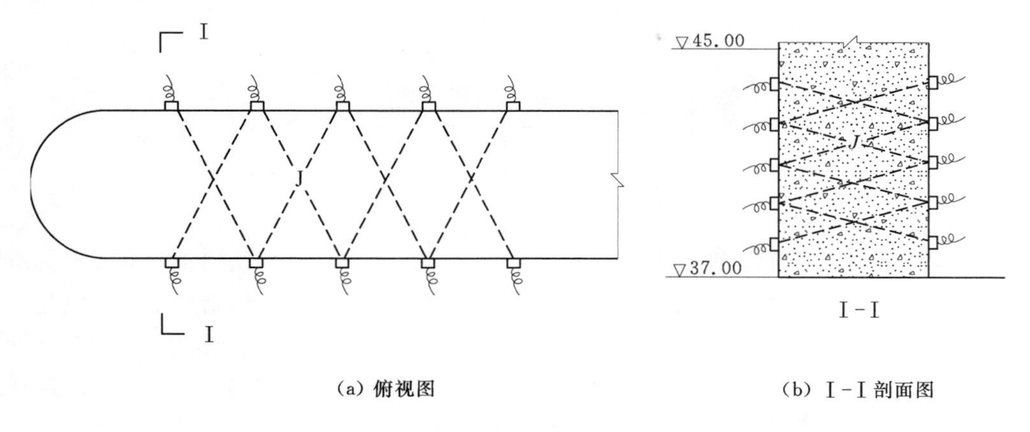

(a) 俯视图　　(b) I-I 剖面图

图 4-2　闸墩超声波对穿示意图

J—架空体

判定缺陷的依据是声速和振幅。当发现某测点的声速明显偏低时，应予复测，并在其附近加密测点，以确定不密实混凝土的范围，在闸墩中部发现架空体 J，此处实测声速 $v=4.66\mathrm{km/s}$（明显低于正常混凝土），并测出架空体范围为 30cm×200cm，为水平薄层状（恰处水平施工缝处）。经查对原始施工纪录和打孔复核，均得到了证实。对此，补灌了水泥浆。

4.4.4　石门水电站厂房 3 号机座环下衬板混凝土脱空化学灌浆

石门水电站厂房 3 号机座环下衬板混凝土密实性差，用木槌敲击检查发现有架空现象。

考虑到该处混凝土浇筑困难，座环顶预留 7 个直径 40mm 小孔，以便在混凝土浇筑后由孔内填灌水泥砂浆，使混凝土达到密实，而在施工中却堵塞了预留孔。当发现混凝土架空后，设计要求将预留孔内砂浆凿出，补焊钢管，进行化学灌浆补强。

灌浆材料选用普通环氧。经结构计算，灌浆压力采用 0.2MPa，因灌浆管畅通性不佳，加上架空体连续性较差，仅灌入环氧浆液 15L。

经灌后检查，仍有架空现象存在，故又进行了二次补灌。方法是：在每一架空部位布孔两个，一孔进浆，一孔排气。四处架空体共布 8 个钻孔。同时，将灌浆材料改用甲凝。因进浆量明显增大，证明可灌性好，复灌环氧。共灌入环氧浆液 565.7L，甲凝浆液 75L。

处理后，经再次检查，架空部位已不复存在。

5 低 强 混 凝 土

一般认为，凡混凝土强度低于设计强度一定范围、不能满足建筑物正常运行对混凝土强度要求的混凝土，即为低强混凝土。这里所指强度既包括抗压也包括抗拉。尤其是高速泄流建筑物表层抗冲磨层，由于其厚度薄（一般 40～80cm），在过流时将产生脉动上抬压力，当抗磨层与内部大体积混凝土结合不良（层间黏结强度不足即混凝土内部抗拉强度低）时，极易沿此处被抬起，导致抗磨层被掀起而破坏。

5.1　低强检查

目前常用的低强混凝土检查方法及适用范围见表 5－1。

表 5－1　　低强混凝土检查方法及适用范围表

序号	检查方法	适　用　范　围
1	现场取样	含出机口和仓面取样，评估在其设计龄期能否满足强度要求
2	钻孔取样	对已浇筑硬化的混凝土强度进行抽查和重点检查
3	无损检测	

5.1.1　低强混凝土试件检查

按现行有关规范规定，在拌和楼出机口取样和浇筑仓面取样制成试件，由试验室分别测定其强度，并用以推定浇筑仓内的混凝土强度，评估其在设计龄期能否满足强度要求。

5.1.2　低强混凝土无损检查—回弹仪检查方法

回弹仪检查方法操作简单，可立即测出混凝土强度值。缺点是测强深度仅数厘米，仅能测得混凝土的表面强度。

以射钉法（贯入阻力法）测定硬化混凝土强度的方法，与回弹仪法相类似，都是基于先测定混凝土的硬度，再根据硬度和强度的关系进而界定其强度。

回弹仪法在水电工程中已普遍用于混凝土测强。葛洲坝水利枢纽工程所用回弹仪为天津建筑仪器厂生产的 HT225 型(中型)和 HT3000 型(大型)。该两种回弹仪基本技术参数见表 5－2。

表 5－2　　回弹仪基本技术参数表

型号	外形尺寸 /mm	净重 /kg	冲击动能 /(kg・m)	拉力弹簧			F /g	W /g	N
				L_0/mm	L/mm	n/(kg・m)			
HT255	ϕ56×280	1	0.225	60.5±0.3	75.5±0.3	0.8±0.03	50～80	370	80±2
HT3000	ϕ92×680	8	3.000	175±1	195±1	1.6±0.05	100～150	2000	63±1

注　L_0 为拉力弹簧静止长度；L 为拉力弹簧工作长度；n 为弹击拉簧刚度；F 为滑块与指针间摩擦力；W 为钢锤重量；N 为仪器在钢砧上的率定值。

葛洲坝水利枢纽一期工程重点测试部位为二江泄水闸消力池护坦，每块护坦（12m×12m）布 18 个测区，打点 288 个。采用两种回弹仪测试，以相互校正。全部过流面共打点 50 多万个，测得混凝土强度保证率达 98%，离差系数为 0.08。葛洲坝水利枢纽一期工程抗磨混凝土回弹仪检测统计见表 5-3。

表 5-3　葛洲坝水利枢纽一期工程抗磨混凝土回弹仪检测统计表

部位	二江泄水闸	大江泄洪冲沙闸	合计
测试块数/(块、孔)	829	544	1373
测区数/个	18940	10988	29928
测点数/点	302000	202418	504418
测试面积/m^2	141000	92525	233525

5.1.3　低强混凝土钻孔取芯试压检查

（1）低强混凝土钻孔检查。对已浇筑硬化的混凝土强度检查，多采用钻孔取芯检查法。检查时根据已浇筑的混凝土方量和施工质检纪录，按照规范规定，进行抽查和重点检查。

取样工具为机钻。为保证样芯的完整性，根据检测试样的要求，钻机宜采用较大口径的金刚石钻头。对所取芯样进行各种力学强度测试。

（2）对坝体过流面高低强度混凝土层间结合强度的检查。坝体过流面高低强度混凝土层间结合部位施工是过流面施工质量控制的重点，过流面高强度混凝土与基层低强度混凝土的层间结合好坏将影响过流面的过流安全。

（3）取芯。对钻孔获取的芯样试件作抗压、抗拉、抗剪强度试验。

1）检查项目。钻孔取芯及芯样编录；压水检查；芯样物理力学及耐久性试验；声波检测和孔内电视等物探检查。

2）检查孔的布置。

A. 布孔原则。

a. 坝体过流面均为大体积混凝土，过流面宽度一般为 12.0～24.0m，但层厚一般未超过 2.0m（1.0m 左右），整个过流面均可布孔取芯。据此，建议布孔 4 排，在过流面顶部、直线段、反弧段及挑坎部位各布 2～4 孔。埋设仪器较多部位，不宜布孔。

b. 针对性布孔主要依据接缝灌浆压水及灌浆资料、施工单位浇筑记录、监理单位值班记录。

c. 钻孔布置必须避开观测设备、金属结构埋件、锚索等，尽量避免打断钢筋和冷却水管。

B. 布孔要求。钻孔应根据结构重要性并结合混凝土施工资料进行布置，自检孔由监理单位布孔，终检孔由设计单位布孔，两者布孔总量按混凝土 10 万 m^3/个进行控制，对检查中发现有质量问题的部位应做进一步加密钻孔检查。

3）检查主要技术要求。

A. 钻孔类型及孔径。检查孔一般采用机钻孔，孔径 76～110mm 的双管单动钻具取芯。需测定芯样的物理力学性能及耐久性的均应采用机钻钻孔取芯，孔径 168mm，取芯数量占总孔量的 20%～30%。

B. 钻孔精度。

钻孔孔位误差：风钻孔不大于 10cm，机钻孔不大于 5cm。

钻孔孔深误差：±10cm。

钻孔角度误差：机钻孔孔斜不大于 1%，风钻孔孔斜不大于 3%。

C. 在钻孔过程中，应采取有效措施，严防污泥浊水进入孔内。钻孔结束后，应保护好钻孔，以免堵塞。

D. 受施工条件限制等原因需要调整孔位时，必须经监理工程师同意。

E. 检查孔的孔位布置需经监理（土建、金属结构）、安全监测或仪器埋设部门复核签字认可。孔轴线与混凝土内安全监测装置、金属结构埋件等的距离不得小于 0.8m。否则应及时调整钻孔位置。经各方复核认可的孔位，由测量监理工程师和施工单位专业技术人员在现场用红油漆标注孔位坐标、开孔高程及孔号。

F. 钻孔施工过程和结束，必须有详细的施工记录，如孔位、孔号、孔口高程、孔底高程、孔径、孔斜、混凝土架空情况等。尤其对钻孔中发现的各种异常情况，如失水、涌水、塌孔、掉块、卡钻、孔斜、打穿埋件或水管、钻进速度异常等，必须如实详细地进行记录。同时对失水量、涌水量及涌水压力应及时进行测定，且均应反映在钻孔原始报表中，并报告质检人员及监理工程师。

G. 混凝土质量存在问题的部位，通过钻孔应能准确发现。所取芯样应及时编号、按顺序入箱，严防将芯样前后顺序倒放。如发现混凝土中有孔、洞、裂缝等质量问题，应作详细描述，如孔洞大小、形状、裂缝宽度、长度、密度、高程等。

H. 每次钻孔取出芯样后，人工用清水按顺序将芯样自上而下清洗干净后放入芯样箱内。待芯样表面干燥后，用红油漆对每块芯样进行编号。编号方法用代分数表示，即：

$$A/\frac{B}{C}$$

式中 A——孔钻进的回次数；

B——回次取出的芯样总块数；

C——回次按自上而下顺序取出的第几块芯样。及时填写芯样牌，放入该回次进尺芯样的底部，每个芯样箱装满后，用红油漆在芯样箱上标明部位、孔号及该箱芯样为该孔的第几箱芯样，编号顺序自上而下，芯样箱运回各施工单位芯样库，并妥善保管。

每一回次芯样，由专业地质工程师或在其指导下的专业技术人员进行芯样编录和芯样素描，全孔取芯完成后及时绘制综合柱状图，特殊部位用数码相机进行拍照，要求相片、底片与数码电子文件一并存档。

I. 检查孔的处理。对于超过检查标准的孔，应在其周边加密布置检查孔，以确定局部层间结合缺陷范围。加密检查孔的位置由监理组织有关单位会签后的钻孔布置方案确定，加密检查孔可作补强灌浆孔。

对于未超过检查标准的检查孔，可直接灌注 0.5：1 水泥浓浆做封孔处理。封孔处理注浆压力为0.2～0.4MPa，待回浆管出浆浓度达到0.5∶1，管口压力达到0.4MPa后，再屏浆10min即可结束。

对于表层混凝土有抗冲耐磨要求或防渗要求的部位钻孔，封孔或灌浆处理完成2d后，凿除孔口表面20mm的水泥结石，并采用环氧砂浆回填，并抹光压实。

J. 钻孔取芯标准：芯样采取率不小于98%，获得率不小于95%，RQD值大于80%；

K. 芯样物理力学性能测试。抗压强度不低于设计强度，强度保证率$P \geqslant 80\%$，强度离差系数$C_v < 0.18$。

4）压水检查。

A. 压水标准。对所有检查孔均需进行压水检查。过流面防渗层透水率不大于0.3Lu，内部混凝土透水率0.5 ～1.0Lu。根据各孔压水检查资料，在透水率较大、混凝土芯样获得较低的孔段选取部分检查孔，进行孔内电视、声波等物探测试。

B. 压水检查程序。对压水检查孔采用压力风、水轮换冲洗干净，进行单孔纯压式压水检查，若不起压或总进水量超过15L，停止压水并作详细记录。分段压水的段长为2.0～3.0m，第一段压水压力为0.1MPa。压水时将压力调至规定值直至稳定，记录稳定前的进水量。此后每5min测读1次压入水量，直至漏水稳定。稳定标准为连续4次读数中最大值与最小值之差小于最终值的10%，或最大值与最小值之差小于1.0L，压水时间不得小于30min。

C. 压水的透水率按以下公式计算：

$$透水率=\frac{q}{H}\times 100$$

$$q=\frac{Q}{P_0}$$

式中　q——压注量，L；

Q——稳定流量，钻孔压入流量，L/min；

P_0——全压水头，$P_0=100P+h_1+h_s$ 压水压力换算成水柱高，m；

H——试段长，为某高程至某高程，m。

5）芯样力学强度及耐久性试验。

A. 从混凝土钻孔所取芯样中分区、分混凝土标号选取部分芯样进行力学强度及耐久性试验。

B. 芯样力学强度试验项目包括：抗压强度、劈裂抗拉强度、极限拉伸值等；耐久性试验项目包括抗渗性、抗冻性等。

C. 有关试验要求参照《水工混凝土试验规程》（DL/T 5150—2001）的规定执行。

5.2　补强处理

低强混凝土是否需要处理，采用何种方案补强，要结合建筑物的重要性和具体部位，进行具体评估和分析后确定。对于高速过流面，必须从严掌握；对不以强度为主要控制指标的内部混凝土或确认可以利用后期强度、又不影响安全运行的，可以不处理，或作简单处理。

5.2.1 挖出后置换和修补

挖出后置换和修补包括用较高强度混凝土修补、用较高强度混凝土重新浇筑。

(1) 用较高强度混凝土修补。将低强混凝土部分挖除后，清除残渣和粉尘，冲洗干净后刷黏结剂（可以用1：0.4～0.45的浓水泥浆），分层填补高强（标号比基材高）水泥类材料、水泥改性材料和高分子聚合物材料。为保证修补材料与结构混凝土结合牢固，重要部位还应打插筋，增设架立钢筋网（用于修补厚度在10cm以上者）。水泥类材料的最小修补厚度为2cm，聚合物为1cm。薄于此厚度时，修补材料易于脱壳。为此，选择修补材料时除考虑材料本身的强度外，还应设计修补厚度。修补坑四周边缘应凿成不缓于1：1的坡度。当修补厚度较大时，应分层填补。

葛洲坝水利枢纽三江冲沙闸消力池护担11-1（即第11排第1块）、护14-3和护14-4，分别凿除8m^2、7.5m^{2}和9.1m^2，凿深20cm，分别以一级配混凝土重浇。每平方米埋直径32～36mm插筋1根，单根长115cm，其顶端弯成直勾。同时，在面层加焊Φ19@20cm×20cm钢筋网一层。浇筑的混凝土为C40，经过近20年的运行考验，安然无恙。

葛洲坝水利枢纽工程大江电厂1号机尾水管放空阀二期混凝土凿去5cm后，以干硬性预缩水泥砂浆填补，测得强度达39MPa，超过设计标号C35。8号机左排沙底孔底板宽槽低强混凝土，由于修补范围小，并考虑到此处为高流速区和较高的耐磨要求，选用环氧砂浆修补。

(2) 用较高强度混凝土重新浇筑。将整块低强混凝土挖除后，用较高强度混凝土重新浇筑。葛洲坝水利枢纽工程规定，凡单块低强面积大于10m^2、强度低于设计标号5MPa以上者，应整块挖除重浇。为使浇筑层与原结构混凝土结合牢固，挖除深度不得小于10～20cm，并在老混凝土面插锚筋，新混凝土面架设钢筋网。

5.2.2 渗透结晶

由于多种原因导致混凝土材料抗渗性能降低，采用水泥基渗透结晶防水材料（由水泥、硅砂和多种特殊的活性化学物质组成的灰色粉末状无机材料）解决此类问题；这是一种通过自身含有的活性组分在硬化水泥石、混凝土的毛细管和微裂缝内渗透、反应生成不溶晶体，堵塞毛细管道和微裂纹，从而起到防水作用的防水材料。它具有防水效果持久、自愈合性能好、耐老化、耐化学腐蚀、无毒副作用、对环境友好等特点，因而这种材料是当前对混凝土防水处理和修复中的研究热点。

其作用机理是特有的活性化学物质利用水泥难题本身固有的化学特性和多孔性，以水为载体，借助于渗透作用，在混凝土微孔及毛细管中传输，再次发生水化作用，形成不溶性的结晶并与混凝土结合成为整体。由于结晶体填塞混凝土的微孔及毛细管孔道，从而使混凝土致密，达到永久性防水、防潮和保护钢筋、增强混凝土结构强度的效果。实践证明，内掺渗透结晶材料混凝土在硫酸钠溶液中侵蚀和冻融后的抗渗压力均大于基准混凝土；渗透结晶材料混凝土界面过渡区致密，孔径在20～100nm之间的少害孔含量增加，在100～200nm之间的有害孔和大于200nm的多害孔含量减少，混凝土孔径分布优于基准混凝土，抗渗性能提高。这一材料已经在水工混凝土建筑物防渗修补中逐渐得到应用，如天生桥二级水电站、大坳水电站、安康水电站、十三陵抽水蓄能电站等工程均取得良好的效果，水泥结晶型防水材料将在水工混凝土建筑物防渗和补强方面得到广泛的应用。

5.2.3 高分子浸渍

混凝土表面浸渍可增强其表面抗空蚀及耐磨损性能，普通浸渍混凝土抗空蚀强度比普通混凝土高 3 倍。美国将此研究成果应用于德沃歇克坝的泄水道和消力池空蚀破坏修复工程，我国葛洲坝水利枢纽工程泄水闸在护坦接缝两侧也试用了浸渍法，以增强混凝土的抗空蚀耐磨损能力。不论是垂直的还是水平的混凝土表面都可以进行浸渍处理，葛洲坝水利枢纽工程的泄水闸护坦平面和斜面的接缝附侧部分，在过水前采用了浸渍聚合处理；处理面积约 $1000m^2$，浸渍深度 20～30mm，处理后，原来 C40 混凝土的抗压强度增达 $1000kg/cm^2$。浸渍液配合比：苯乙烯∶甲基丙烯酸甲酯（MMA）＝8∶2，引发剂偶氮工异丁腈（ABN）掺量 2%。配制时先称量苯乙烯，加入配比量的偶氮二异丁腈，待引发剂全部溶解后，再加入甲基丙烯酸甲酯。

葛洲坝水利枢纽工程的泄水闸护坦平面和斜面的接缝附侧部分，在过水前采用了浸渍聚合处理。处理面积约 $1000m^2$，浸渍深度 20～30mm，处理后，原来 C40 混凝土的抗压强度增达 100MPa。其浸渍混凝土工艺流程见图 5－1。

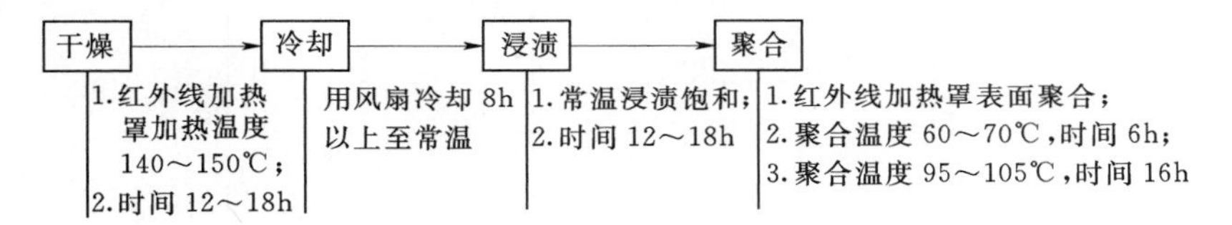

图 5－1 葛洲坝水利枢纽工程浸渍混凝土工艺流程图

浸渍液配合比：苯乙烯∶甲基丙烯酸甲酯（MMA）＝8∶2，引发剂偶氮工异丁腈（ABN）掺量 2%。配制时先称量苯乙烯，加入配比量的偶氮二异丁腈，待引发剂全部溶解后，再加入甲基丙烯酸甲酯。

浸渍混凝土抗冲耐磨性能试验成果见表 5－4。

表 5－4 浸渍混凝土抗冲耐磨性能试验成果表

混凝土配合比（水∶水泥∶砂∶石）	浸渍与否	抗压强度 /MPa	磨损条件			
			速度/(m/s)	含砂量 /%	时间（冲）/h	磨损率 /[kg/(m²·h)]
0.45∶1∶1.85∶4.63	否	45.2	27.7	1.4	3	0.72
0.45∶1∶1.85∶4.63	浸渍	140.0	27.7	1.4	3	0.29

5.2.4 灌浆补强

对坝体过流面高低强度混凝土层间结合强度低的部位应进行补强处理，常采用灌浆进行补强。灌浆时灌浆压力控制在 0.2MPa 以内，以防发生新的抬动。单孔深度穿过抗冲层 0.5m。

5.3 工程实例

5.3.1 葛洲坝水利枢纽大江冲沙闸

葛洲坝水利枢纽大江冲沙闸第八、九两孔闸室底板，为厚 50cm 的 C45 抗冲耐磨混凝土面层。经检测发现，共有三处为低强区（最低强度仅 21.2MPa）。此部位有较高抗冲磨要求，将低强混凝土挖除重浇。凿深为 10cm，锚筋边孔埋件为Φ16@40cm×40cm，$L=60$cm。焊接表层架立钢筋网Φ6@10cm×10cm。重浇 C45 的一级配混凝土（见图 5-2）。

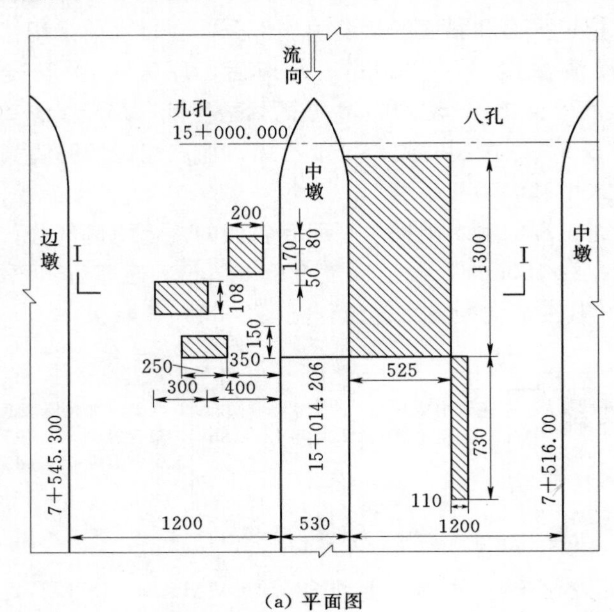

(a) 平面图

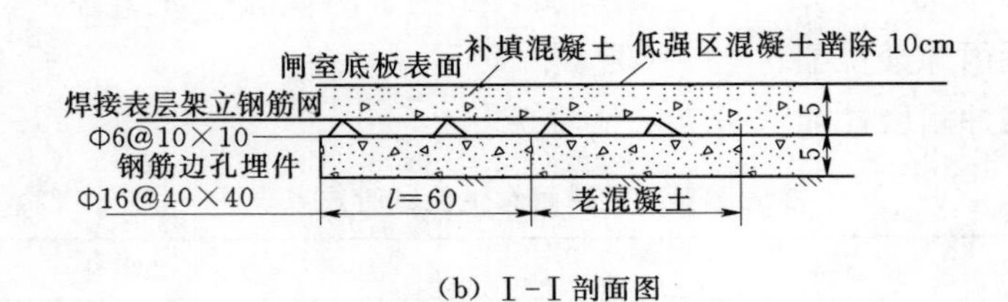

(b) I-I 剖面图

图 5-2 葛洲坝水利枢纽大江冲沙闸第 8 孔、9 孔底板混凝土低强及处理图（单位：cm）

5.3.2 丰满水电站大坝

丰满水电站大坝原设计混凝土标号低，施工质量差，加之运行年代较久，实测溢流面混凝土强度低于 10MPa，最低在 1MPa 以内。

补强处理方案除预锚和上游面增设沥青混凝土防渗层外，还在坝体上、下游面增设高标号钢筋混凝土护面。护面厚度：坝面为 100cm，闸墩为 60～120cm。施工时先凿除表面已松动破坏的老混凝土，以风钻打 3.0～4.0m 深锚孔，灌水泥砂浆，安装直径 20mm 锚筋，焊表层 ϕ16mm 钢筋网。

5.3.3 云峰水电站大坝

云峰水电站大坝低强混凝土的补强措施与丰满大坝相似。先以静态爆破剂将坝面 30cm 低强混凝土挖除，再用厚 50cm 的钢筋混凝土补浇。所浇混凝土为 C30、F300。锚孔深 150cm，面层钢筋网为Φ6@60cm×60cm，以滑模进行浇筑（见图 5-3）。

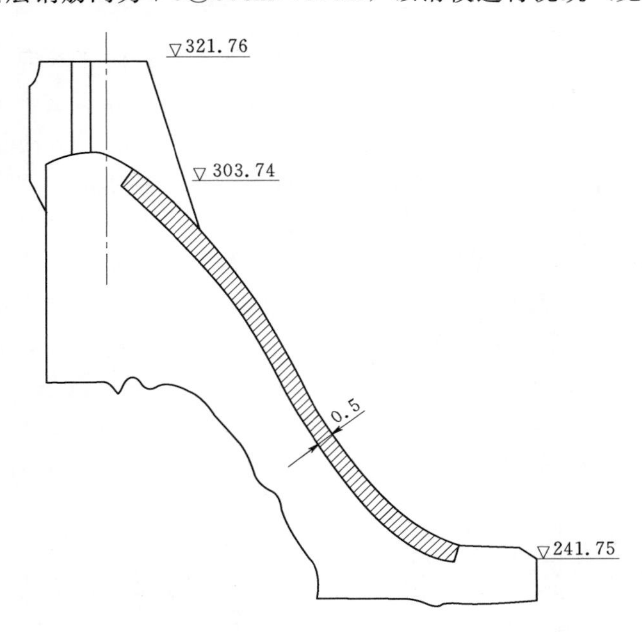

图 5-3 云峰水电站溢流坝补强部位示意图（单位：m）

(1) 1438-麦斯特环氧胶泥（由 CONCRESIVE1438 双组分环氧配制）补强材料。

该材料系改性 1438 双组分环氧浆体加水泥或粉煤灰等填料配制而成。在三峡水利枢纽大坝底孔表面缺陷修补中被选用。据室内试验成果，物理力学性能好，施工方便，在常温下涂刷即可。A 组分为白色膏状，B 组分为黑色稠状，使用配比为 A：B＝2：1，混合体密度为 1200～1500g/L。

1438 环氧树脂纯浆体可直接配制使用或按特定的比例与水泥混合成环氧胶泥使用。其施工工艺如下：

1）基础面准备。为使修补取得最佳效果，合格的界面是非常关键的。采用高压水枪将混凝土表面松散的颗粒、水泥块及其他污渍一起清洗干净，自然静置至表面干燥。

2）胶泥配制。当拌和数量较大时，可采用机械搅拌（低转速 600r/min）。为避免配制错误，应将组分 A 和组分 B 整包混合拌制。当需分次拌制时，先将各组分拌匀，再准确地按 2：1（A：B）体积比将两组分倒在干净、干燥的容器中进行搅拌。将组分 A 与组分 B 充分搅拌直至其中的黑白色纹消失转变成匀质的灰色浆体，再加入水泥继续搅拌 2～3min。根据材料的可工作时间估算需要配制的数量，以避免超过时间而无法使用所造成的浪费，各包装容器中剩余的材料需确保不受污染。

3）涂抹。在可工作时间内进行涂抹施工。在深度不规则的基面上作修补时，先涂抹基面较深部位，再经多次涂抹，使其表面与原结构面齐平并使其光滑。

4）养护。1438 环氧胶泥养护时间决定于环境温度、配制数量、涂抹厚度。

（2）PMP 聚合物混凝土补强。

1）清理混凝土基面：凿除疏松部分，用钢丝刷打磨出新的基面。

2）处理锈蚀钢筋：将钢筋的锈蚀氧化层清除，然后在钢筋表面均匀涂刷“水性带锈防锈涂料”两遍。

3）刷涂界面结合剂：对有缺陷坑洞的基面，先喷水充分润湿，然后用“LH701 聚合物乳液”和水泥拌制成浆液，用毛刷反复揉涂坑洞基面，形成界面结合层，其厚度不大于 1mm。

4）缺陷填补整平：在界面净浆未干燥前，即可用“聚合物水泥砂浆”填补找平破损部位。对坑洞比较深的缺陷，要分层填补，直到找平。

5）修复外观：待坑洞修补砂浆硬化后，才可进行结构表面修复工序。充分润湿基面，反复涂抹结合层净浆。在界面净浆硬化前，用“聚合物水泥砂浆”对整个基面进行修复抹压，并掌握好时序，压光表面。要求平均厚度不大于 5mm。

6）养生：外观修复砂浆初凝后，喷水养生 7d 以上，并检查外观情况。

7）防水防护：养生结束，进行最后一道工序，即喷涂“LH101 渗透型防水剂”。

（3）细石锚筋混凝土补强。除需打锚筋和架设钢筋网外，施工方法同一般水泥类材料的修补工艺。

（4）喷混凝土（砂浆）补强。

1）基面确认：要求对混凝土缺陷部位进行凿挖，凿挖至密实混凝土，并对钢筋进行除锈，撬掉松动骨料。

2）对于缺陷深度较浅（未露筋）且面积较大的顶板混凝土缺陷，为防止下坠，需在缺陷部位平行于短边 切割“鱼尾形”浅槽，槽宽及槽深均为 4cm，坡比 1：0.8，槽内按 20cm 间距布置插筋，槽与槽间距不大于 50cm。注意切槽过程中严禁切割机伤及钢筋，已露钢筋且面积较大的顶板缺陷按以下 3）、4）步骤进行。

3）植筋：插筋间距顶板及侧墙 20cm，底板 40cm，插筋形状采用 L 形，直径 12～14mm，插入老混凝土深度 16cm，外露长度以该处缺陷深度控制。插筋采用梅花形布置。

4）挂网：ϕ4mm 钢筋，间距一般为 20cm×20cm，钢筋网与插筋相连接。

5）冲洗：在基面处理及插筋完成后，用高压水枪将表面冲洗干净，排除积水，保持湿润。

6）刷稀释液：先将基面进行湿润，然后刷打底剂（Barra 稀释剂：水＝1：1）。

7）材料拌制：先将袋装干料加入理论水量 80％的水搅拌，形成无团拌和物，继续加水至要求稠度。

8）喷射：每层喷厚不超过 4cm，第一层临近固化时喷射第二层。

9）收面：喷射结束 1.5～2.5h 后用表面光滑的木板进行抹面，木板要比修补面的最大边长大 10cm，以保证修补面与周边老混凝土平顺衔接。抹面过程中，不得反复压挤，以免影响喷射混凝土之间的结合强度。

10）养护：收面完成后，表面喷洒一层养护薄膜，养护期至少 7d。

（5）钢纤维混凝土修补施工。修补前清除基面松动的卵石，冲刷干净，埋设锚筋再铺表面钢筋。然后浇筑钢纤维混凝土，用平板振捣器振实，最后精细抹面。

（6）PMP 聚合物混凝土补强。

1）清理混凝土基面：凿除疏松部分，用钢丝刷打磨出新的基面。

2）处理锈蚀钢筋：将钢筋的锈蚀氧化层清除，然后在钢筋表面均匀涂刷“水性带锈防锈涂料”两遍。

3）刷涂界面结合剂：对有缺陷坑洞的基面，先喷水充分润湿，然后用“LH701 聚合物乳液”和水泥拌制成浆液，用毛刷反复揉涂坑洞基面，形成界面结合层，其厚度不大于 1mm。

4）缺陷填补整平：在界面净浆未干燥前，即可用“聚合物水泥砂浆”填补找平破损部位。对坑洞比较深的缺陷，要分层填补，直到找平。

5）修复外观：待坑洞修补砂浆硬化后，才可进行结构表面修复工序。充分润湿基面，反复涂抹结合层净浆。在界面净浆硬化前，用“聚合物水泥砂浆”对整个基面进行修复抹压，并掌握好时序，压光表面。要求平均厚度不大于 5mm。

6）养生：外观修复砂浆初凝后，喷水养生 7d 以上，并检查外观情况。

7）防水防护：养生结束，进行最后一道工序，即喷涂“LH101 渗透型防水剂”。

6 结构体渗漏

在水工混凝土中，常因结构缝止水失效、裂缝、混凝土欠密实或架空而形成渗漏通道，在水压力作用下引起渗漏。

因混凝土结构体渗漏成因复杂，外界环境多样，对具体工程，要通过调查、检测，进行成因分析，结合工程特点，选择合适的修补材料和修补处理方法。

6.1 渗漏及其分类

按水工混凝土渗漏发生部位分为坝体基础渗漏、防渗体渗漏、水电站厂房结构渗漏、坝体其他部位渗漏四类。

6.1.1 基础渗漏

（1）坝基由于地质原因、坝体和坝基的材料不同，在其结合面存在大量的孔隙，都具有一定的透水性。水库蓄水后，在库水压力的作用下，水必然会沿着孔隙渗向下游，造成坝体、坝基和绕坝的渗漏。若这种渗漏是在设计控制范围之内，大坝任何部位都不会产生渗透破坏，为正常渗漏，此时渗漏的水流量一般较小，水质清澈透明，对坝体和坝基不致造成渗透破坏；反之则为异常渗流。

（2）对于处在运行中的坝体，确定异常渗流是否具有危害性，首先要对坝址的工程水文地质有比较充分了解。但由于地质勘探的有限钻孔只能揭示坝址地层的有限情况。对其局部的地质缺陷，例如节理、裂隙，溶洞、断层及强透水带的情况难以弄清。因此，坝基是否渗漏，在设计阶段和施工期均难以判定；在大坝建成并蓄水后，坝体基础所存在的缺陷在压力水的作用下发生渗漏，此时才能发现坝基所隐含的缺陷；有的水库运行一段时间后，因坝基所处环境变化、受力状况变化，而引起基础渗漏。

根据渗流的危害性确定是否需要进行处理。对渗透破坏采取的加固方法的原理，是使来水不渗入坝体或坝基，并使渗水在下游通畅排出，但不带走坝体或坝基上的颗粒及不改变坝体或坝基的变形和强度。也就是上游防渗、下游排水减压和导渗。

应根据渗漏的原因、基础情况和施工条件进行综合分析，确定处理方案。对于非岩性基础的土石坝体，可在建筑物上游做黏土铺盖，黏土截水或进行黏土灌浆和化学灌浆以及改善下游的排水条件等；对岩基渗漏，一般可采取加深加厚阻水帷幕、帷幕补强灌浆及下游增设排水孔，改善排水条件等。

6.1.2 防渗体渗漏

在坝体中，防渗体作为坝体挡水的重要结构，因设计、地质、施工等原因造成的防渗体缺陷，常引起渗漏包括：防渗体未施工至设计高程；防渗体宽度不足造成的绕渗；防渗体材料防渗效果不达标；因防渗体受力不均造成的断裂；防渗体接缝处理缺陷；防渗体检验等原因造成防渗体破坏等。

6.1.3 水电站厂房结构渗漏

在引水系统中，进口段因坡降小，水头小，压力水渗漏造成的水头损失小；在中段、特别是靠近机组进口段，外包钢衬或混凝土截面变化，引起的空蚀，形成渗漏通道，造成的渗漏危害甚大。

在水电站引水发电系统中，引水系统、墙体、水轮机座环等与压力水接触位置因质量缺陷、突然受压、长期受压力水作用可能造成渗漏。

地下水电站厂房常见的渗漏部位在混凝土边墙、底板、顶拱和排水系统。渗漏会使钢筋混凝土内部的氢氧化钙溶失，pH 值变小，使得钢筋混凝土结构中的钢筋发生锈蚀，还会加快结构混凝土的碱骨料反应，影响结构安全，缩短建筑工程的使用寿命；人长期生活在潮湿阴冷的环境中会出现氡污染，影响生命机体的健康，甚至会出现劳动能力；而物资的储存若受潮也会出现腐烂、变质等现象；地下厂房的渗漏也会使其失去应有的使用功能，影响水电站的正常稳定运转；地下厂房的渗漏会造成能耗的增加，生产成本的提高。

6.1.4 坝体其他部位渗漏

（1）廊道在坝体中穿过，降低了坝体的挡水宽度；结构缝内采用止水封堵，如遇坝体不均匀沉降，造成结构缝张开度增加，止水变形、与混凝土脱离、撕裂，导致渗漏。

（2）闸门槽通常为埋件安装后进行二期混凝土施工。因闸门槽仅留出埋件安装或焊接的空间，其尺寸普遍偏小；目前，通常采用微膨胀混凝土进行浇筑。而闸门槽内设有预埋插筋和加固埋件使用拉筋，其内钢筋密集；闸门槽二期混凝土所选用的级配、骨料、混凝土性能、浇筑手段不适宜；混凝土拌和质量问题；模板安装加固未做到紧贴混凝土面或埋件表面；混凝土振捣不密实或漏振。由以上原因所造成的混凝土不密实，与缝面结合缺陷而造成渗漏。

（3）因混凝土或止水材料存在裂缝，混凝土层间缝、施工缝存在微裂缝，形成渗水通道，在压力水作用下发生渗漏。

（4）渗漏还可按形成原因、出水的形态划分及渗水快慢进行划分。

按形成原因可划分为三类：变形缝（结构缝）渗漏、裂缝（含施工冷缝）渗漏、混凝土本身不密实（架空）而引发的渗漏；按渗漏逸出水的形态划分为点漏（集中渗漏）、线漏（裂缝渗漏）和面漏（混凝土大面积架空渗漏）；按渗水逸出的快慢划分为滴漏、线漏（出水成线状）和高压射流。

6.2 渗漏检查

水工混凝土建筑物各种病害、缺陷，大多始发或显露于结构外表面，如裂缝、破损、磨蚀、渗漏、钢筋锈蚀及结构外观变形等。有些病害起因比较简单，根据现场检查、测绘病害形态、范围和程度，就可分析清楚和做出判断。许多严重病害，大部分也可用目测发现，但应由经验丰富的技术人员进行系统的目测。有些病害的情况较为复杂，病因亦很多，需要结合具体工程条件进行多方面检测、试验或调查工程的设计、施工资料，经过综合分析后，才能得出比较清楚的认识和做出恰当的评估。

（1）裂缝调查：裂缝调查分基本调查、补充调查及专题研究。

（2）裂缝成因分析应符合的程序：如根据基本调查结果不能推断裂缝形成原因时，应进行裂缝补充调查，分析开裂原因；根据补充调查结果仍不能推断开裂原因时，应进行专题研究。

（3）基本调查应包括的内容：①裂缝状况；②裂缝附近情况；③裂缝开展情况；④对使用功能的影响情况；⑤设计资料；⑥安全监测资料；⑦施工情况；⑧建筑物运行及周围环境情况。

（4）补充调查应包括的内容：①建筑物结构尺寸；②混凝土劣化度；③钢筋及其锈蚀状况；④实际作用（荷载）；⑤基础变形；⑥裂缝详查；⑦建筑物运用及环境变化条件的详查。

（5）专题研究应包括的内容：①结构计算；②混凝土材料试验；③构件静荷载试验；④结构振动试验。

6.2.1 渗漏范围、规模、空间分布

渗漏范围包括：①渗漏点、渗漏裂缝、渗漏面的位置，并进行相应编号；②测量渗漏部位的长度、宽度、面积，并绘制渗漏分布图。

6.2.2 渗漏来源及途径调查

渗漏的来源，可采用在疑似来源水体中加悬浮在水中的荧光染料调查探测渗漏部位，荧光染料停留附近位置即为渗漏区。

6.2.3 渗漏水量测定及有关参数

渗漏水量测定及有关参数包括：①渗漏水量、渗水压力和渗漏流速；②观测渗漏水量和水位（如库水位）与外界气温变化的关系；③收集水质，从离子、矿化度和酸碱度（pH值），以判定渗水有无侵蚀性。

6.3 渗漏处理

6.3.1 渗漏的危害及处理原则

对水工建筑物发生渗漏的部位如不及时处理，会因渗流侵蚀、反复冻融、渗流带走混凝土中的充填物、造成渗漏通道的扩大，改变结构受力，渗漏点附近钢筋保护层变薄，钢筋锈蚀，危及结构物安全。严重者可造成水工建筑物失事。

渗漏发生后的处理原则：

（1）渗漏发生后应及时进行结构物渗漏的调查和渗漏原因分析，综合考虑渗漏对整个建筑物安全运行、耐久性等方面的危害以及人身安全、漏水损失、防水美观要求等，分析修补的必要性。

根据渗漏调查、成因分析及渗漏处理判断的结果，结合水工建筑物的结构特点、环境条件等具体情况，选择适宜的修补方法，力求以最低的工程费用达到预期的效果。

（2）确定封堵方案后及时进行封堵，避免情况进一步恶化。

（3）“上截下堵”，以截为主，以排为辅。尽量靠近渗漏源头（如大坝迎水面）进行堵截。这样易于直接堵漏，又可将渗水堵在混凝土结构以外，避免侵蚀性渗水对混凝土的化学溶蚀；降低渗透压力，有利于建筑物本身稳定。

（4）堵漏应选择在枯水或无水（如放空水库、隧洞）条件下进行，以降低施工难度。

（5）若在迎水面堵漏确有困难，而渗水又不致危及结构稳定时，如涵洞、隧洞、廊道及厂房等，也可在背水面堵漏。此时，应遵循“先排后堵”的原则，尽量将渗水集中外排，然后再封堵和做防水层。

（6）选择封堵材料时，要充分考虑材料本身的亲水性，水中固化速度和耐久性。

6.3.2 渗漏处理的基本方法

水工建筑物渗漏封堵方法很多，下面介绍几种常见的封堵方法。

（1）点渗漏（集中渗漏与孔眼渗漏）。

1）直接封堵法。当渗水压力较小（一般不大于1m水头）且漏水孔不大时可采用直接封堵漏点。先沿漏水点四周凿毛，并清洗干净壁面，随即将快凝材料（如水泥水玻璃砂浆、水泥丙凝砂浆、901快速堵漏剂、801堵漏剂、M131快速止水剂、WT强力克漏灵、JYQ-789型抗冻止水堵漏剂等）搓成与漏孔直径相近的圆柱体，待材料开始凝结时，迅速用力填塞于孔内，并向孔壁四周挤压，使材料与孔壁紧密结合以封堵漏水。

2）下管封堵法。当渗水压力较大（1～4m水头）且漏水孔洞较大时采用下管封堵法。先清除漏水洞周边松动混凝土，凿成适宜下管的孔洞，然后将引水管插入孔中，使水顺管导出。接着用快凝砂浆将管周嵌缝封闭。待砂浆凝固后，拨出导管，再用直接封堵法把孔洞封死。

3）木塞堵漏法。当漏水压力大（4m以上水头）且漏水孔洞亦大时可采用木塞堵漏。

木塞堵漏法是先把漏水处凿成孔洞，再将一根比孔洞短的铁管插入孔中，使水流顺管导出。以快凝砂浆封嵌管周。待砂浆凝固达一定强度时，将外径与管内径相当其外包有止水生胶带的木塞打入管中，将水堵住。最后，再用砂浆覆盖保护。

4）灌浆封堵法。灌浆封堵法亦适用于混凝土内部架空的堵漏回填。灌浆材料采用丙凝、水玻璃及其与水泥的混合材料。近年多采用水溶性聚氨酯LW。

A. 骑缝孔：先将漏水孔口凿成喇叭形，用快凝砂浆（水泥胶泥）将灌浆嘴埋入，并在管周嵌缝止漏，使漏水顺管集中排出。然后用高强砂浆回填至原混凝土面。待砂浆达一定强度后，用灌浆嘴以浆顶水灌浆（压力应大于漏水压力）。灌毕，关闭灌浆管阀门，待浆体凝固后再行拆除。此方法适宜于渗漏量小，压力小的情况；

B. 斜孔法：先在裂缝附近打斜孔穿过裂缝，用水泥胶泥把灌浆嘴埋入（灌浆嘴开启通水），再将裂缝凿成槽，采用快凝砂浆封堵，待砂浆凝固并具备一定强度后，用灌浆嘴以浆顶水灌浆（压力应大于漏水压力）。此方法适宜于渗漏量大，压力大的情况。灌浆嘴的埋设见图6-1。

（2）迎水面渗漏。迎水面渗漏包括止水结构缝渗漏、坝体密实性差引起的渗漏。

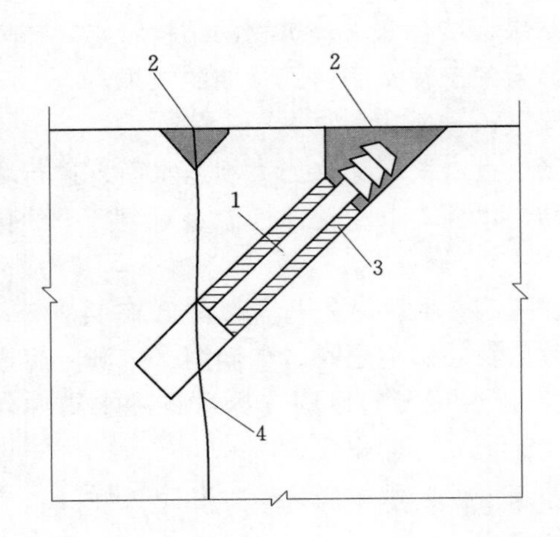

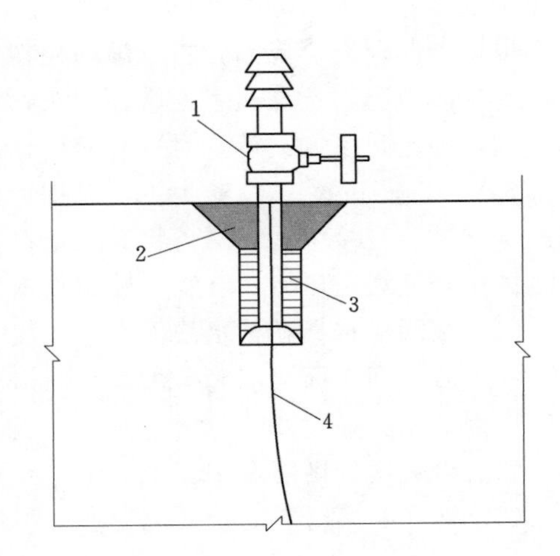

图 6-1　灌浆嘴的埋设示意图

1—注浆嘴；2—水泥砂浆；3—水泥胶浆；4—裂缝

1）止水结构缝渗漏处理方法。

A. 补灌沥青井；

B. 钻孔灌浆。当加热补灌沥青井困难或无效时，采用对结构缝灌浆处理。灌材选用水溶性聚氨酯LW较为适宜，也可灌其他弹性较好的浆材。

C. 补做止水。补做止水包括坝面补做止水结构见图 6-2，坝面加镶紫铜片（镀锌铁皮）及凿槽见图 6-3。

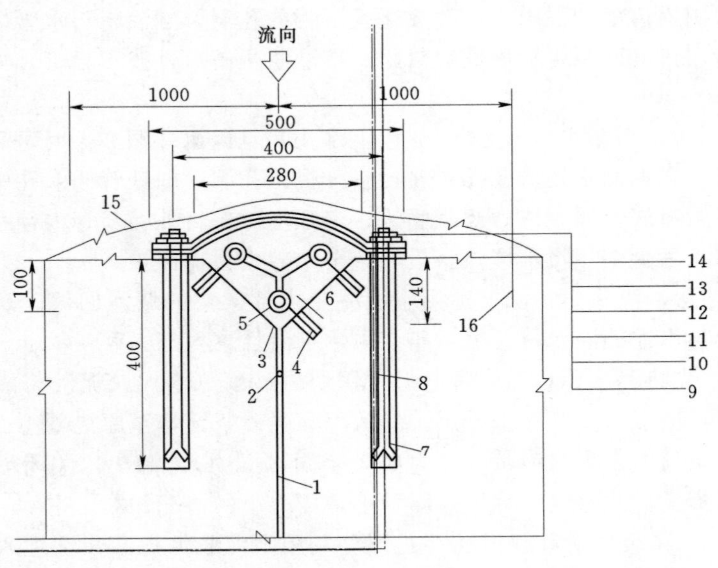

图 6-2　坝面补做止水结构图（单位：mm）

1—伸缩缝；2—石棉绳（浸沥青）；3—沥青浆；4—固定钢筋；5—蒸汽管；6—沥青；7—膨胀水泥砂浆；8—锚栓，Φ22～25@500mm；9—橡皮，厚10mm；10—紫铜片，厚度大于2mm；11—钢垫钣，厚10mm；12—钢箍，Φ10@50mm；13—垫圈；14—螺母；15—钢丝网喷浆，厚5～7mm；16—锚筋，Φ10@500mm

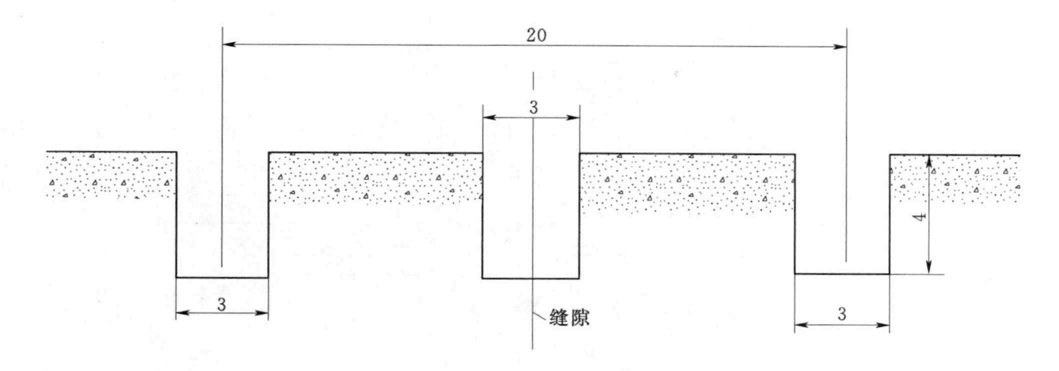

图 6-3　坝面加镶紫铜片及凿槽图（单位：cm）

D. 截水墙钻孔结构见图 6-4。

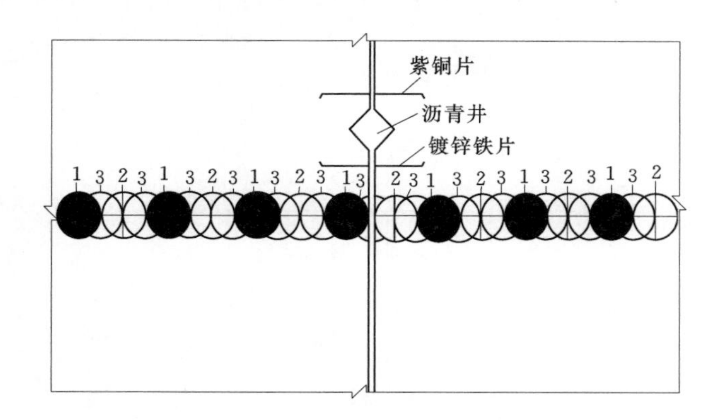

图 6-4　截水墙钻孔结构示意图

1—Ⅰ序钻孔；2—Ⅱ序钻孔；3—Ⅲ序钻孔

E. 引水隧洞及渡槽伸缩缝。堵漏方法包括：①回填沥青等防水材料；②骑缝灌注水溶性聚氨酯等弹性材料；③环氧砂浆粘贴橡皮等防水材料；④喷涂聚氨酯橡胶或 J·L-90A 防水涂层；⑤补做止水结构（图 6-5）。

F. 泄水建筑物底板伸缩缝补做止水。如一般流速不高的泄水建筑物底板混凝土伸缩缝止水失效，而又不宜进行灌浆处理的，底板补做止水结构见图 6-6。

2）混凝土体蜂窝麻面（欠密实）和施工冷缝渗漏。

A. 上游面封堵。上游面封堵方法包括用水泥预缩砂浆、水泥改性砂浆和聚合物砂浆封堵、做防水材料喷层、补做混凝土（沥青混凝土）防渗板等。

B. 打孔灌浆。可利用坝顶、坝体各种廊道（灌浆廊道、检查廊道等），在其中打灌浆孔。灌浆材料一般用水泥（含磨细水泥、硅粉水泥、膨胀水泥）。

3）止、排水结构缝渗漏包括坝体（闸）挡水前缘以外的结构缝，如船闸闸室底板、溢洪（泄水、排沙）闸底板及下游消力池护坦结构缝中的止排水结构渗漏。

A. 结构类型。止、排水系统结构见图 6-7。

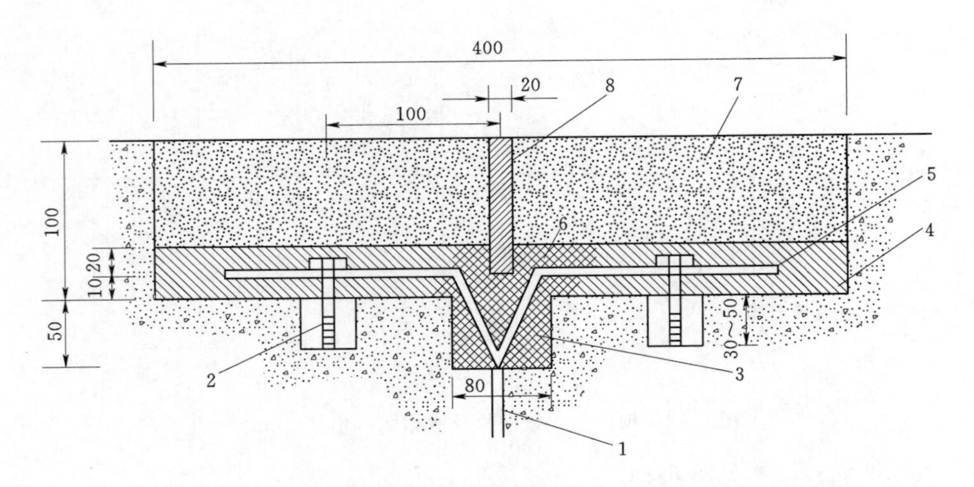

图 6-5　引水洞补做止水结构图（单位：mm）

1—伸缩缝；2—固定螺栓；3—沥青麻布；4—环氧砂浆；5—紫铜片，厚 1～2mm；6—环氧基液；7—干硬性预缩砂浆；8—沥青砂板

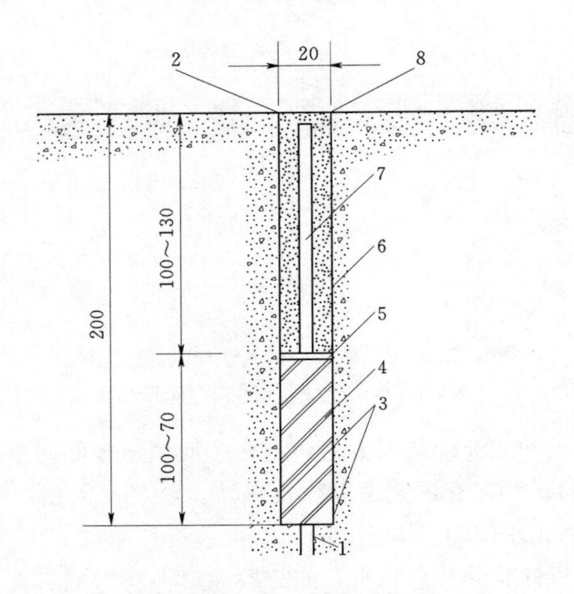

图 6-6　底板补做止水结构图（单位：mm）

1—伸缩缝；2—钻孔（ϕ20mm 套钻）；3—环氧基液；4—聚氨酯密封圈；5—橡皮，厚 2mm，宽 22mm；6—环氧砂浆（或干硬性预缩砂浆）；7—导板（草板纸，厚 1mm）；8—缝口

B. 质量检查的方法。葛洲坝水利枢纽工程止、排水系统，设计中已考虑了对止水结构质量进行压水检查的措施：在两道止水片之间设置排水槽，并作了分区，每个分区设排水槽引出管，管口引到排水廊道内，从排水槽引出管给止水片施加水压力，相当于相应部位投入运行后的工作水头。

C. 渗漏处理。

a. 挖除重浇。对渗漏严重的，采用爆破挖槽的方法，挖除老混凝土，重新埋设止水

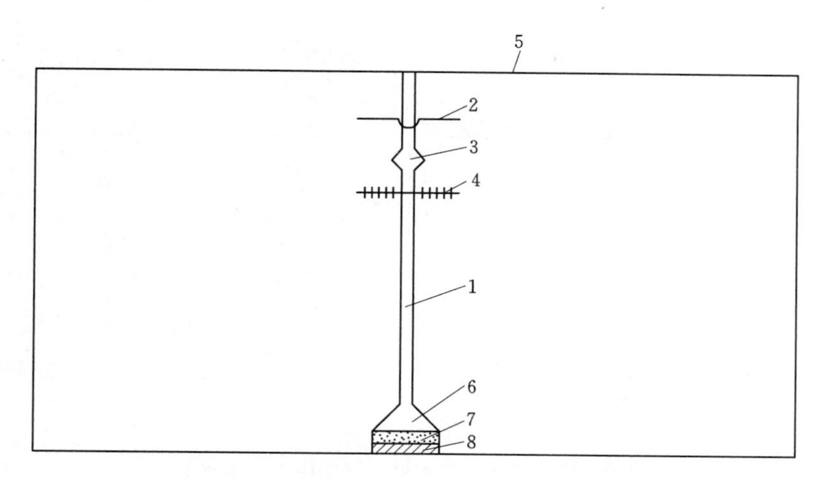

图 6-7　止、排水系统结构图

1—分块缝；2—紫铜止水片；3—排水槽；4—塑料止水片；5—混凝土顶面；6—排水沟；7—无砂混凝土；8—涤纶过滤布

片和浇筑混凝土（见图 6-8）。

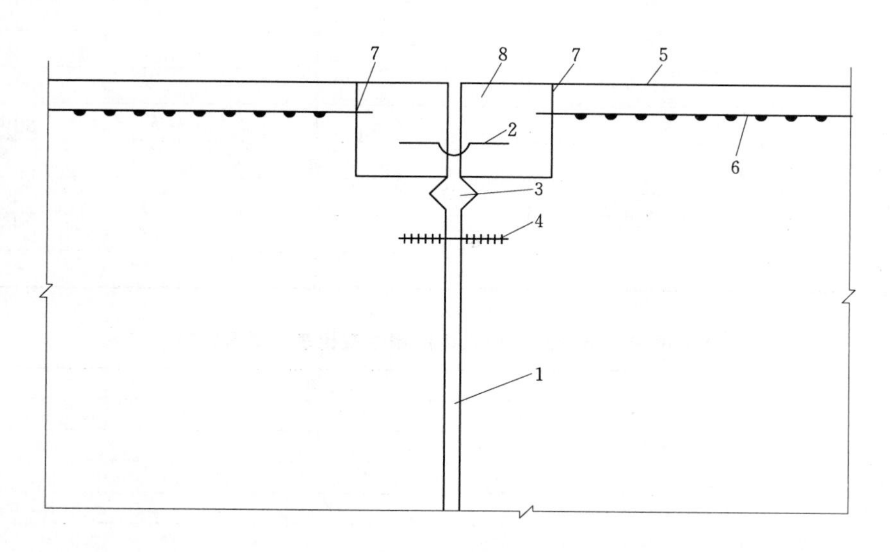

图 6-8　挖槽处理方法图

1—分块缝；2—紫铜止水片；3—排水槽；4—塑料止水片；5—混凝土顶面；6—原面层钢筋；7—风钻套打防震孔面；8—需挖除的混凝土部分

b. 缝内灌注弹性聚氨酯。缝内灌注弹性聚氨酯灌注施工方法见图 6-9。

葛洲坝水利枢纽工程所用弹性聚氨酯，其主要成分为 N_{220} 聚醚树脂和蓖麻油两种羟基化合物，分别占 25%～45%及 9%～20%。灌浆材料有不同的配方（见表 6-1～表 6-3），弹性聚氨酯物理力学性能见表 6-4，其工艺要求见表 6-5。

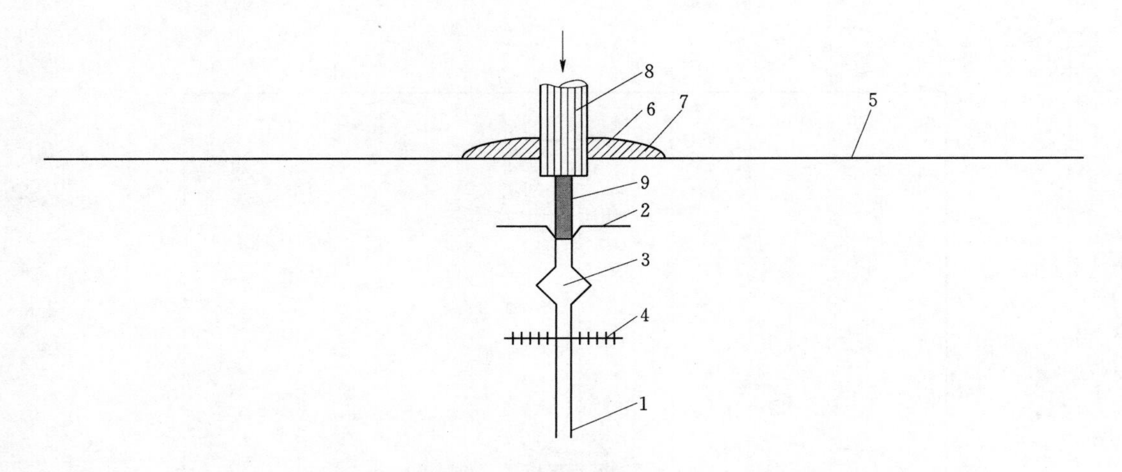

图 6-9　缝内灌注弹性聚氨酯灌注施工方法示意图

1—分块缝；2—紫铜止水片；3—排水槽；4—塑料止水片；5—混凝土顶面；6—麻绳；7—环氧玻璃丝布封缝；8—ϕ20mm 灌浆管；9—弹性聚氨酯

表 6-1　　不同配方的浆液配比表（重量比）

配　料	配方号			
	3	6	7	13
预 N_{220}	300	100	100	100
预蓖Ⅰ	100			
预蓖Ⅱ		100	100	100
20%混合 MOCA 液			150	
30%混合 MOCA 液	204.7	101.7		
45%混合 MOCA 液				100
生石灰（新鲜、干燥细粉）				93.6

表 6-2　　N_{220}预聚体与蓖麻油预聚体的制备配比表（重量比）

原　料	预聚体		
	预 N_{220}（2.5）	预蓖Ⅰ（2.5）	预蓖Ⅱ（2.0）
N_{220}聚醚	74.4		
蓖麻油		55.3	60.0
2.4 体 TDI	16.5	35.6	30.9
二丁酯（邻苯二甲酸二丁酯）	9.1	9.1	9.1

注　括号内为 NCO/OH 的比重。

表 6-3　　混合摩卡液配比表（重量比）

混合 MOCA 液		20%	30%	45%
A∶B		4∶1	2∶1	1∶1
A 液	MOCA	20	30	60
	丙酮	80	70	40
	古马隆树脂	—	—	70
B 液	MOCA	5	15	30
	N220 聚醚	20	35	70

表 6-4　　弹性聚氨酯物理力学性能表

性能 / 配方编号	浆液			胶凝		胶凝拉伸性能			胶凝压缩性能			胶凝黏结性能			
	比重（15℃）	胶凝时间（15℃）/h	黏度（20℃）/(MPa·s)	硬度（邵氏28d空气中养护）	渗透系数（28d）/$\times10^{-9}$cm/min	定伸弹性模量（$\epsilon=100\%$）/$\times10^5$Pa	拉断伸长率/%	拉断永久变形/%	破坏强度/$\times10^5$Pa	破坏弹性模量/$\times10^5$Pa	极限压缩率/%	干黏（空养）/$\times10^5$Pa	湿黏（空养）/$\times10^5$Pa	干黏（水养）/$\times10^5$Pa	湿黏（水养）/$\times10^5$Pa
3	1.03	<8	190	31	6	5.8	225	0.3	417	458	90.9	11.4	10.2	4.0	2.6
6	1.04	<6	322	39		7.1	220	1.5	235	267	88.0	10.9	9.6	6.1	7.4
7	1.00	<20	83	47		8.9	194	0	282	310	90.9	10.8	8.4	5.8	7.7
13	1.03	<5	>1800	64	3	22.5	159	4.0	628	683	92.0	—	—	—	—

表 6-5　　弹性聚氨酯施工工艺要求表

缝宽/mm	灌注方法	孔距/m	孔径/mm	洗缝压力/MPa	灌浆压力/MPa	结束标准
0.4～0.7	钻孔	1～1.5	20	风压小于 0.2	0.1～0.3	压力 0.2MPa 以下单孔吸浆量小于 0.01L/min，续灌 15min
＞0.7	贴盒	1～1.5		水压小于 0.3	0.1～0.3	

注　1. 缝内有沥青时，先用汽油浸泡，继用压气顶吹，使缝面畅通后再用风水轮换冲洗。
2. 灌浆一般自低处向高处推进，当前孔排浆时，后孔结束灌浆。
3. 对漏水量较大的部位，可提前 4h 用 0.15MPa 以下压力灌注加有油酸促凝剂的浆液，防止堵塞排水设施。

配浆时预聚体已很浓稠，可适量加入丙酮稀释，但要考虑预聚体配浆比例的变化。促凝剂用量为浆液总量的 1%～20%，配浆时应遵守劳动保护规则。

对止、排水渗漏，向缝内灌注弹性聚氨酯的方法有三种：①骑缝打 ϕ20mm 钻孔，深 10～20cm；②在缝口埋管；③打斜孔穿过缝面。

葛洲坝水利枢纽一期工程用该浆材灌注护坦伸缩缝总长 12140m，耗用浆液约 20t；二期工程灌缝总长 1740m，灌入浆液约 2.1t。

6.3.3　渗漏封堵灌浆的主要材料

（1）热沥青。沥青灌浆是在水泥灌浆基础上发展起来的一种灌浆新技术。水泥和化学灌浆是依靠浆材的化学反应才能发挥功能的，而沥青灌浆则是利用沥青的物理性能来达到堵漏目的的。

1）材料。沥青材料能否用于灌浆，取决于沥青的软化点和闪点。将沥青加热成流动液体才能用于灌浆。适用的沥青有 100 号、60 号道路沥青、30 号建筑石油沥青和 75 号普通石油沥青。

根据需要，可在沥青中加入掺合料，如 SBS 热塑料弹性体、水泥等。

2）特性。

A. 热沥青不与水互溶，具有不被水流稀释而流失的特点。因此，沥青灌浆不怕漏量大，流速高。即使在流量、流速都较大的情况下，采用沥青灌浆仍能将渗漏通道堵死。

B. 热沥青灌浆采用低压灌注，沥青进入漏水部位后，能随水流动，具自动跟踪漏水通道而起到充填堵漏的作用。

C. 灌浆机具轻便，工艺简单，且可在低温和负温下施灌。

由于沥青灌浆具有上述优越性，被原电力工业部列为国家重点科研项目，于 1995 年 10 月通过电力工业部部级鉴定，1997 年 5 月获国家专利（专利号 ZL 92103293·5）。

3）应用实例。

A. 嶂山闸闸墩伸缩缝。嶂山闸闸墩伸缩缝原设计缝宽 2～2.5cm。由于混凝土浇筑质量差，缝面混凝土逐渐疏松剥落，致使伸缩缝变至宽 5～8cm，最宽达 11cm；原止水镀锌片及钢筋锈蚀严重，致使缝漏水量不断增大，必须进行堵漏处理。处理方法是：水上部分采用嵌缝膏封闭，但水下及水位变化区难以封闭，决定采用 SBS 改性热沥青灌浆堵漏。

选用 100 号道路沥青，掺加 SBS 后，延伸率由 62%增至 212.5%，可满足伸缩缝变形要求。

嶂山闸闸墩共19条伸缩缝，共灌入沥青浆液15.91m³。浆液在伸缩缝内的充填深度一般在1m以上，取得了良好的堵漏效果。

B. 花山水电站导流洞。花山水电站导流洞封堵时，由于堵头中埋有ϕ100mm放流管漏水而使堵头混凝土浇筑质量欠密实，渗漏量达0.8m³/s，流速达7～9m/s。堵漏时，采用先灌注沥青堵住大漏，再增浇混凝土封层堵漏。施工时先用编织袋装砂石料抛投在漏水体后边，然后用风钻在抛体上打灌浆孔，施灌热沥青。

将50号道路沥青加热到150～180℃，并掺入水泥。再用齿轮泵将已熔化的沥青压入灌浆孔。

共灌入沥青5.7t，水泥0.44t。灌后渗漏量减少到0.28m³/s。经进一步封闭，漏量再减至0.01m³/s。

(2) LW水溶性聚氨酯。LW水溶性聚氧酯材料系橡胶弹性体，由环氧乙烷与环氧丙烷共聚的WPS聚醚和异氰酸酯（TDI80/20）预聚而成。

LW水溶性聚氨酯弹性体的力学性能见表6-6，LW水溶性聚氨酯灌浆材料物理力学性能见表6-7，LW橡胶体在反复干湿环境下的抗老化性能见表6-8。

表6-6　LW水溶性聚氨酯弹性体的力学性能表

配　方	LW	LW+10%丙酮	LW+20%丙酮
扯断强度/MPa	2.66	2.86	3.77
伸长变形/%	230	276	363
永久变形/%	0	0	0

表6-7　LW水溶性聚氨酯浆材物理力学性能表

黏度（25℃）/(MPa·s)	相对密度	凝胶时间	黏结强度（潮湿面）/MPa	抗拉强度/MPa	渗透系数/(cm/s)	含水量/倍	遇水膨胀率/%
100	1.08	数分钟至数十分钟	1.0	2.1	1.8×10^{-9}	20～27	150～300

表6-8　LW橡胶体在反复干湿环境下的抗老化性能表

条　件	扯断强度/MPa	伸长变形/%	永久变形
6个月室温干燥养护	2.15	273	0
6个月室温干湿循环养护	2.25	260	0

由于LW水溶性聚氨酯弹性体材料遇水的自膨胀性能，且具一定强度，使其成为防水堵漏灌浆的优良材料。

(3) 丙凝及丙凝水泥混合浆材。丙凝防渗性能好、凝结速度极快且可进行有效控制，故可作为堵漏灌浆材料（强度低，不用作补强材料）。

丙凝掺加一定量水泥之后，可制得丙凝—水泥混合浆材，其性能可得到改善，强度可得到提高。

丙凝浆材配方见表6-9，丙凝—水泥混合浆液配方见表6-10。

表6-9　丙凝浆材配方表

名　称	代号	作用	配方用量/%
丙烯酰胺	A	主剂	0.5～14.25
NN′次甲基双丙烯酰胺	M	交联剂	0.5～0.75
三乙醇胺	T	促进剂	0.5～0.8
过硫酸铵	AP	引发剂	0.5～1.0
铁氰化钾	KFe	阻聚剂	0.01～0.04
硫酸亚铁	$FeSO_4$	促凝剂	0～0.02
水	W		89～84

注　阻聚剂和促凝剂的用量视选定的凝固时间通过试验而定。当配量少而要求准确，可选配成10%浓度水溶液备用。

表6-10　丙凝—水泥混合浆液配方表

项目	浓度	掺量	掺比	备注
丙凝	15%		1	铁氰化钾阻聚剂，掺量以丙凝为基数，并视气温适当调整
水泥浆	0.6∶1		2	
铁氰化钾				

(4) 氰凝（TPT）。氰凝是一种高性能聚氨酯防渗灌浆材料，含有端异氰酸酯的氨基甲酸酯低聚物与添加剂所组成的化学浆液。当灌入有水裂缝时，迅速与水反应，生成不溶于水、不透水的凝胶体。在反应过程中，产生二氧化碳气体使其边膨胀边凝固，从而达到堵水的目的。

氰凝浆液由预聚体、稀释剂（丙酮等）、催化剂（三乙胺）组成，其凝固体力学性能见表6-11。

表6-11　氰凝浆液凝固体力学性能表

抗渗强度/MPa	黏结强度/MPa	抗拉强度/MPa	耐化学侵蚀性能	抗霉菌性能	毒性
0.7～0.9	4.8（干）～2.5（湿）	10～30	耐酸碱盐	0级（抗霉材料）	无毒

(5) XYPEX水泥基渗透结晶防水材料。XYPEX水泥基渗透结晶防水材料，是由硅酸盐水泥、硅砂和多种活性材料组成的灰色粉末状无机材料。由于该材料具有特有的活性，利用混凝土本身的多孔性和化学特性，以水作载体，借助渗透作用，在混凝土微孔和毛细管中传输、充盈，再次产生水化作用，从而生成不具可溶性的枝蔓状结晶并与混凝土成为一体，以达到永久防水、防潮和保护钢筋免受腐蚀，以及增强混凝土表层强度的目的。天生桥二级水电站引水隧洞混凝土衬砌补强处理时，曾采用浓缩型和增强型XYPEX水泥基结晶防水材料。后者作为前者的第二道涂层，以达到表层增强和加速浓缩型固化的

目的。

XYPEX涂层的施工工艺要点有：①混凝土基表面清污；② 基面喷水湿润24h后，喷两道XYPEX浓缩型材料，厚约0.8mm；③待第一层涂层呈潮湿状态时（48h内），喷第二层增强型涂层，厚约0.6mm；④喷后6h即喷水养护3d。

此材料在小浪底、安康水电站和三峡水利枢纽工程都曾应用。

（6）环氧树脂。采用环氧树脂配合砂或水泥制成环氧砂浆、环氧胶泥封堵渗漏通道，直接采用环氧浆液压力灌浆封堵渗水裂缝为目前国内众多水电工程使用。

湖北汉江崔家营航电水利枢纽工程中先采用环氧砂浆嵌缝，再采用水泥灌浆处理基础裂缝及灌浆廊道施工缝渗漏，其船闸门槽裂缝采用环氧浆液灌注。

（7）膨润土防水材料。钠基膨润土防水材料，其品种有膨润土遇水膨胀止水条。遇水膨胀止水条适用于结构缝间的防水。膨润土也可直接用于坝基渗漏防渗体填料。

（8）美国永凝液DPS防水材料——混凝土保护剂。Deep Penetration Sealer深渗透结晶型防水材料简称DPS。在国内的国家标准定义中，是水性渗透结晶型无机防水材料。其不只是混凝土防水材料，更是混凝土保护剂：它耐酸耐碱、耐腐蚀，能抵抗高温变化，更可以抗氯离子对混凝土的破坏侵蚀。其优点是结构层中有水时还可以继续反应，直到“吸干”水分为止。

防水机理：与混凝土中的游离碱产生化学反应，生成稳定的枝蔓状晶体胶质，能有效地堵塞混凝土内部微细裂缝和毛细空隙，使混凝土结构具有持久的防水功能和更好的密实度及抗压强度。渗透深度达20～30mm。同时，还能有效地阻止酸性物质、油渍和机油对混凝土的侵蚀。可用于任何情况的混凝土基面。

优点：①施工简便，不需要找平层和保护层，直接在混凝土基层上喷2遍即可；②速度快，每个工人可施工1000m^2/d；③抗渗等级达到S11以上；④保质期50年以上，不会老化，变质；⑤ 可在潮湿作业面施工，养护期很短，不怕雨淋；⑥完全环保无毒。

6.4 工程实例

6.4.1 葛洲坝水利枢纽工程3号船闸伸缩缝

葛洲坝水利枢纽工程3号船闸闸室内共设两条纵缝和若干横缝。运行中，闸室长期进行着充水、泄水。充水时，由于水体的强大水平推力，造成纵缝张开；泄水时，纵缝闭合。周而复始，造成纵缝及出水口附近横缝止水材料损坏，闸室内大量渗水漏向基础排水廊道。所采用的堵漏方案是：

（1）在纵缝上以其为中心的10～15cm范围内开凿一个T形槽，在槽内填设止水材料GS胶。待胶体固化后，再在胶上部铺设橡胶止水，以保护GS胶体。

（2）水溶性聚氨酯（LW）灌浆。按充水前和充水后两次灌注。充水前灌注的目的是为了灌浆分区，以避免产生大量串浆现象；同时对充水不敏感的部位先灌，以减少渗漏量。充水后在闸墙上灌浆。灌前，先打斜孔穿缝，再用管将孔口引到闸墙顶上。然后对闸室充水，直至与上游水位齐平。此时，借助水的侧向压力，拉大了伸缩缝开度，随之在闸墙上对引管进行灌浆。

灌浆完成后，再进行闸室泄水，进行必要补灌。

处理后漏量由 4200L/s 剧减至 170L/s。经泄水补灌后，再进行第 2 次充水，漏量又减至 2.38L/s，满足设计要求（设计允许漏量为 30L/s）。

6.4.2 小浪底水利枢纽工程消力塘底坎

小浪底水利枢纽工程出口消力塘承担枢纽泄洪工程（导流洞、排砂洞、明流洞和溢洪道）下泄水流的消能重任，由一级池、尾堰、净水池、护坦和北隔墙组成。1～3 号消力塘一级池底板面积共 46210m^2，共浇筑混凝土 52 万 m^3，最大容积 160 万 m^3。1997 年 12 月 28 日小浪底工程截流前，1 号、2 号消力塘已投入运用，随即在底板下廊道内发现局部伸缩缝渗漏，急需堵漏。

处理办法是在伸缩缝切出深 35mm、宽 10mm 的缝隙，在其中充填密封剂。切缝选用德国里斯梅克公司（LESSMAC）生产的 FS-22E 型混凝土切割机。该切割机切割缝隙的速度为 15m/h，切割出的缝边壁光滑，满足要求。

Sikaflex ProzHp 密封剂作密封填料，该材料物理力学指标如下：

容重：1.2～1.3kg/L；凝固速度：2mm/d（凝结后 7d 才能进水）；养护温度：干燥为－30～70℃，潮湿为大于 40℃；最大拉伸长度：大于 800%；最大抗拉强度：大于 1.5MPa；适用最大缝宽 35mm，最小缝深 8mm；允许最大剪切变形：缝宽的 20%；使用温度：5～40℃，选用混凝土色。材料本身无毒。经抗老化和抗疲劳实验，均符合要求，且可承受 607.8kPa 的水压。

施工程序：抽干塘内积水，并筑尾堰挡水—切缝，用高压水枪和风枪吹出缝内杂物，用乙炔火焰烤干，并在缝上贴胶带条，防止杂物进入缝内—缝中填入厚 10mm 泡沫塑料，以防止密封剂流入伸缩缝—在缝壁表面刷 3 号底胶（Sika-primer3）等，经过 1～5h 底胶变干，用 SikaflexzHP 密封剂以压力注射枪封缝，并用小铲将密封剂表面抹平（见图 6-10）。

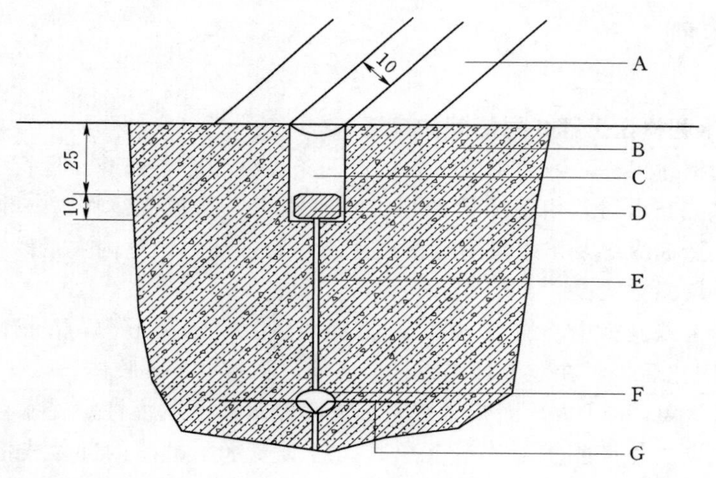

图 6-10 密封剂使用形象图（单位：mm）

A—胶带；B—底板；C—密封剂；D—泡沫回填材料；
E—底板伸缩缝；F—PVC 塑料管；G—紫铜止水

在 2 号消力塘修补完成后，对 1 号、3 号消力塘也进行了修补。

修补后，经 1998 年大汛考验（消力塘过流量达 4500m^3/s），伸缩缝不再渗漏，修补获得成功。

6.4.3 五强溪水电站大坝横缝

五强溪水电站大坝下闸蓄水初期，即陆续发现 10 多条横缝止水失效，向廊道内漏水，且随蓄水位升高日趋严重。曾淹没灌浆廊道达 20 多天。1995 年春，采用水泥—水玻璃灌浆堵漏，因漏水量和渗水流速过大而未成功。

五强溪水电站大坝横缝结构见图 6－11。

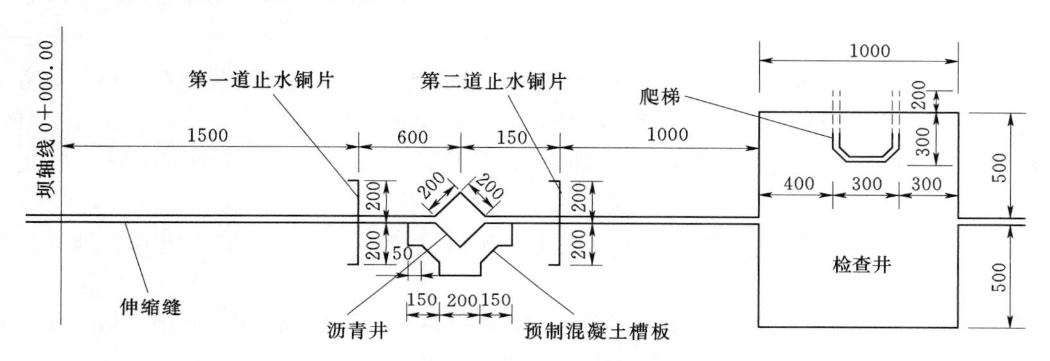

图 6－11　五强溪水电站大坝横缝结构图（单位：cm）

需堵漏的 5 条横缝，单缝漏水量达 9～150m^3/h。采用化学灌浆堵漏方法是：在靠近上游坝面两道止水铜片之间，进行定量化学灌浆，将主要漏水通道封堵；同时，在检查井上游面沿缝凿槽、埋管、导水、封缝和灌浆。

由于堵漏是在 30 余米高的动水压力和单缝最大漏水量达 150m^3/h 的条件下进行，施工难度很大，化学灌浆材料必须具有速凝、稳定、遇水膨胀、黏结强度高、不会被水稀释的性能。

选用 TPT 浆材（氰凝）。其主要成分是多亚甲基多苯基多异氰酸酯（PAPI）和两种聚醚配制的混合醚。另加稀释剂、乳化剂、稳定剂、催化剂。TPT 浆液配方见表 6－11，其物理力学性能见表 6－12。

表 6－11　　TPT 浆液配方表

组分	配合比/%	组分	配合比/%
主剂（TPT）	100	稳定剂	适量
稀释剂	＜10	催化剂	适量
乳化剂	适量		

表 6－12　　TPT 浆液的物理力学性能表

项目	物理力学性能
外观颜色	浅黄色或棕黑色半透明黏稠状液体
游离异氰酸根（NCO）含量/%	18

续表

项目	物理力学性能
密度/(g/cm^3)	1.08
黏度/(MPa·s)	120～137
凝胶时间/min	13～2
膨胀倍数	>2
固结强度/MPa	>9.8
黏结强度/MPa	1.7～2.6
抗渗性能/MPa	0.4～1.9

穿缝斜孔采用机钻或风钻施钻。在检查井内沿缝凿槽、用电钻钻骑缝孔。机钻孔和漏量大的风钻孔采用 $3D_5$/40 型三缸弹子泵灌浆，其最大排浆量 80L/min，最大压力 4MPa。一般风钻孔和埋管采用 SSDM－10 隔膜泵灌浆，其最大出浆量 10L/min，最大压力 0.8MPa。

灌浆工艺流程：造孔—洗孔—压力试验—连通试验—配浆—灌浆—以水顶浆—闭浆待凝。

5 条横缝共钻灌浆孔 567.85m，预埋管 21 根，共灌入聚氨酯 TPT 浆液 2883.1L（重 3.114t），平均单缝灌入 0.623t。TPT 灌浆成果见表 6－13。

表 6－13　　TPT 灌浆成果表

缝号	TPT 浆液灌入量/L			坝体混凝土水泥灌浆补强与回填封孔耗用水泥/kg	渗漏量/(m^3/h)		备注
	机钻孔	埋管	合计		灌浆前	灌浆后	
16/17	1500.0	8.6	1508.6	27129	150	0	
15/16		146.4	146.4	11019	80	0	弧形闸门安装后机钻孔不便化灌
25/26	276.0	216.0	492.0	1208	30	0	
20/21	220.0	133.0	353.0	798	12	0	
27/28	288.0	95.1	383.1	3913	9	0	
合计	2284.0	599.1	2883.1	44067	281	0	机钻孔栏内含风钻孔的灌入量

灌浆后，经历史最大洪峰和 5000 年一遇洪水考验，凡经化学灌浆的横缝，滴水不漏。

7 表面不平整缺陷

混凝土表面不平整缺陷包括：

（1）建筑物轮廓线（过流断面曲线）误差（主要由于施工测量放线不准或模板变形所致）。

（2）凸凹度超过设计允许值。

（3）横向接缝处或模板接缝处的错台。

（4）混凝土表面未清除的砂浆块、钢筋头。

（5）蜂窝、麻面等。

由于上述缺陷的存在，当高速水流下泄时，有可能导致空蚀破坏；当含沙水流通过时，则易发生冲磨破坏。在两种破坏相互作用下，将加速泄流面的破坏速度，导致新的表面不平整。

7.1 过流面不平整度控制标准

过流面不平整度控制标准，取决于建筑物作用水头、下泄流速、单宽流量，并充分考虑到建筑物的等级，参照国家有关规范和国内外已建工程实例，在综合各种因素的基础上，经充分论证后确定。

7.1.1 国内标准

（1）《溢洪道设计规范》（DL/T 5166—2002）所规定的不平整度控制标准见表 7-1。

表 7-1　不平整度控制标准表

溢流落差 /m	不平整度 /mm	无空蚀坡度		
		上游坡	下游坡	横向坡
20 以下	60 以下	任意	任意	任意
20～30	30 以下	任意	任意	任意
	30～40	1∶1	1∶2	1∶1
	40～60	1∶1	1∶2	1∶1
30～40	8 以下	任意	任意	任意
	8～10	任意	1∶2	1∶1
	10～20	1∶2	1∶4	1∶2
	20～40	1∶6	1∶10	1∶3
	40～60	1∶10	1∶12	1∶3

续表

溢流落差/m	不平整度/mm	无空蚀坡度		
		上游坡	下游坡	横向坡
40～50	5 以下	任意	任意	任意
	5～10	1∶4	1∶8	1∶2
	10～20	1∶8	1∶10	1∶3
	20～40	1∶12	1∶14	1∶3
	40～60	1∶14	1∶18	1∶3
50～60	3.5 以下	任意	任意	任意
	3.5～5.0	1∶4	1∶6	1∶2
	5～10	1∶10	1∶14	1∶3
	10～20	1∶12	1∶16	1∶3
	20～40	1∶16	1∶18	1∶3
	40～60	1∶20	1∶22	1∶3
60～70	2.5 以下	任意	任意	任意
	2.5～5.0	1∶7	1∶11	1∶2
	5～10	1∶14	1∶18	1∶3
	10～20	1∶16	1∶20	1∶3
	20～40	1∶20	1∶24	1∶3
	40～60	1∶24	1∶28	1∶3
70～80	10 以下	1∶20	1∶24	1∶3
	10～20	1∶22	1∶26	
	20～40	1∶26	1∶30	
	40～60	1∶28	1∶34	
80～90	10～20	1∶28	1∶32	1∶4
	20～40	1∶30	1∶36	
	40～60	1∶34	1∶40	
90～100	10～20	1∶32	1∶38	1∶4
	20～40	1∶36	1∶42	
	40～60	1∶40	1∶46	

(2)《水工建筑物抗冲磨防空蚀混凝土技术规范》(DL/T 5207—2005) 中关于表面不平整度控制和处理标准见表 7－2。

(3) 国内部分工程不平整度允许值见表 7－3。

7.1.2 国外部分工程不平整度标准

国外部分工程不平整度标准见表 7－4。

表 7－2　　表面不平整度控制和处理标准表

水流空化数 σ		>1.70	1.70～0.61	0.60～0.36	0.35～0.31	0.30～0.21		0.20～0.16		0.15～0.10		<0.10
掺气设施						不设	设	不设	设	不设	设	修改设计
突体高度控制/mm		≤30	≤25	≤12	≤8	<6	<25	<3	<10	修改设计	<6	
磨成坡度	正面坡	不处理	1/5	1/10	1/15	1/30	1/5	1/50	1/8		1/10	
	侧面坡	不处理	1/4	1/5	1/10	1/20	1/4	1/30	1/5		1/8	

表 7－3　　国内部分工程不平整度允许值

工程名称	最大水头/m	最大流速/(m/s)	表面不平整度规定				体型误差规定
			部　位	凸体平行水流方向高度/mm	凸体垂直水流方向高度/mm	凸体研磨坡度	
刘家峡	105	40～45	泄洪隧洞	7	4	1/50～1/30	
碧口	90	28	泄洪隧洞	7	4	1/50～1/30	
		36	泄洪隧洞	7	3	1/50～1/30	
葛洲坝	27	22	二江泄水闸闸室及闸下水平段	5	升阶 0 跌阶 3	1/30～1/20	闸室及闸下水平段、斜坡段及消力池，船闸输水道，厂房尾水管及排沙孔底板高程误差±10mm
			闸下斜坡段及消力池	8	5	1/20	
丹江口	64	20	泄洪深孔有压段		3	1/50	有压段：垂直向高程误差、侧墙水平向对称孔口中心线误差 5～7mm。 明流段：侧墙水平向对称孔口中心线、溢流面高程误差不大于±10mm
			泄洪深孔明流段	5	5	1/20	
密云	38		溢流坝	7	4		溢流堰高程误差不大于±3mm，陡坡段高程误差不大于±10mm
朱庄	60	30	溢流坝		5		溢流面线型偏差不大于 20mm
大化	39	20	溢流坝		3	1/20	
安康			Ⅱ类区	0	0	1/50	10mm

表 7-4　　国外部分工程不平整度标准表

国别	工程或机构名称	最大水头/m	最大流速/(m/s)	表面不平整度规定			
				部　位	凸体垂直水流方向高度/mm	凸体平行水流方向高度/mm	凸体研磨坡度
美国	垦务局规范		12.2～27.5	模板成型	0.3	3.2	1/20
			27.5～36.6				1/50
			36.6 以上	不用模板成型	6.3	6.3	1/100
	ACI-210 委员会				顺水流方向不大于 6.3，垂直水流方向不大于 3.2。渐变坡度用长 1.52m 直尺测量不大于 6.3；对敞开式溢流限制可增大 1 倍；对流速大于 35.0m/s 的上述限值应缩小 1 倍		
巴基斯坦	塔贝拉坝	122	49	泄洪隧洞	凡表面不平整度超过 3mm 者均进行处理，研磨成 1/50 的坡度		
加拿大					≤3		1/50

7.2　表面缺陷的修补

7.2.1　修补常用材料及配合比

混凝土表面缺陷常用修补材料可分为水泥系列材料、聚合物高分子材料、水泥—聚合物改性材料、天然岩石、钢铁系列、铸石材料、复合型材料等。若按用途区分，可分成抗冲磨修补材料、抗空蚀修补材料、抗冲击修补材料、抗冻融修补材料和表面涂层保护材料等。修补悬沙磨损破坏，宜选用高强硅粉混凝土及砂浆、高强硅粉铸石混凝土及砂浆、铸石板等；修补推移质冲磨破坏，宜选用高强铁矿石硅粉混凝土及砂浆、高强硅粉混凝土及砂浆、钢轨间嵌高强硅粉混凝土或条石等；修补空蚀破坏，宜选用高强硅粉钢纤维混凝土及砂浆、高强硅粉混凝土及砂浆、聚合物－水泥混凝土及砂浆、聚合物混凝土及砂浆以及钢板、铸铁板镶护等。

（1）修补材料选择的原则。修补材料选择的原则如下：

1）应与被补基材的变性性能（如弹模和线膨胀系数）和力学性能相一致。

2）经济、安全和耐久性好。

3）方便施工。

4）外观颜色协调，满足美观要求。对抗冻修补材料，首先要满足工程要求的抗冻性能指标，即严寒地区大于 F300，寒冷地区大于 F200，温和地区大于 F100。

根据上述原则，宜优先选用水泥类材料，如预缩水泥砂浆、水泥石英砂浆等；其次选用水泥改性砂浆，如氯—偏聚合物改性水泥砂浆等；环氧及其他高分子聚合物砂浆宜用于重要部位，一般尽量少用，不宜在大面积范围内应用，尤其是长期暴露部位。

对常用修补材料的一般性能、物理力学性能、修补厚度要求（见表 7-5～表 7-8）。

表 7-5 对修补材料的一般性能要求表

修补材料性能	修补材料（R）和基材（C）的关系	修补材料性能	修补材料（R）和基材（C）的关系
抗压、抗拉强度	$R \geqslant C$	黏结强度	$R \geqslant C$
弹性模量	$R \approx C$	收缩率/%	$R \leqslant C$
线膨胀系数	$R \approx C$	外观颜色样	协调一致

表 7-6 常用修补材料的物理力学性能表

名称	环氧树脂砂浆混凝土	聚酯树脂砂浆混凝土	水泥砂浆、混凝土	聚合物改性水泥砂浆
抗压强度/MPa	55～110	55～110	20～70	10～80
抗压弹模/GPa	0.5～20	2～10	20～30	1～30
抗拉强度/MPa	9～20	8～17	1.5～3.5	2～8
极限拉伸率/%	0～15	0～2	0	0～5
线胀系数/($\times 10^{-6}$/℃)	25～30	25～30	7～12	8～20
吸水率（25℃，7d)/%	0～1	0.2～0.5	5～15	0.1～0.5
强度发展速率（20℃）	6～48h	2～6h	1～4 周	1～7d

表 7-7 大面积修补时不同材料适宜的修补厚度参考值

种类	混凝土或砂浆种类别		最大骨料粒径/mm	修补厚度	
				最小值	最大值
1	水泥类	混凝土	>4	30	
2		砂浆	≤4	20	40
3	聚合物类	混凝土	>4	30	
4		砂浆	≤4	10	40
5	树脂类	混凝土	>4	15	40
6		砂浆	≤4	5	15

注　此表所列主要基于技术角度考虑。

表 7-8 不同材料的经济修补厚度参考值

修补材料品种	大面积修补			小面积修补	
	>25	12～25	6～12	12～25	6～12
混凝土、喷射混凝土、水泥砂浆	√				
聚合物水泥砂浆		√		√	
环氧树脂砂浆			√		√
聚酯树脂砂浆					√

注　大面积一般指修补面积不小于 $5m^2$ 者。

当填补面积大于 $1m^2$ 或修补深度大于 8cm 时，为确保修补材料与基面黏结牢固，可考虑打插筋（锚固筋）和加焊面层钢筋网。

（2）常用的修补材料。

1）干硬性预缩砂浆。干硬性预缩砂浆即普通水泥砂浆拌好后，拢堆存放预缩0.5～1.5h，使其体积预先收缩一部分，以减少修补后的体积收缩，避免与基面脱开；又因其水灰比小，强度较高，用P.O52.5硅酸盐大坝水泥拌制的预缩水泥砂浆，其强度可达到50MPa以上（见表7-9）。

表7-9　葛洲坝水利枢纽工程预缩砂浆现场抽样强度表

部　位	抗压/MPa	抗拉（劈拉）/MPa	抗冲磨强度/[kg/(h·m²)]	黏结强度/MPa
大江电厂	52.5～63.4	4.10～5.75		
1号船闸	44.8～74.4			1.19～1.31（龄期8d）
二江泄水闸	58.6～69.2	3.8	0.538	4.4
平均	60.5	4.55	0.538	

夏季施工干硬性预缩砂浆，宜适量掺加缓凝剂（或引气剂），以增加和易性，方便施工，同时遮盖防晒，以免过早凝结。

2）硅粉微膨胀水泥砂浆。在P.O52.5普通硅酸盐水泥石英砂浆中掺入膨胀剂和硅粉，可制得M60高强砂浆。为控制砂浆稠度在4～6.5cm范围内，可在其中掺入高效减水剂。

M80水泥砂浆的物理力学性能见表7-10。

表7-10　M80水泥砂浆的物理力学性能表

稠度/cm	抗压强度/MPa			8字形样抗拉强度/MPa		劈裂抗拉强度/MPa	轴心抗拉强度/MPa
	3d	7d	28d	7d	28d	28d	28d
6.5	49.8	69.0	91.0	4.59	5.27	6.19	2.41

3）NSF水泥改性砂浆。

A. 拌制100kg水泥的NSF砂浆材料用量见表7-11。

表7-11　拌制100kg水泥的NSF砂浆材料用量表

材料名称	水泥	砂	膨胀剂	NSF	水	备　注
用量/kg	100	200	10	36	30	用水量含NSF及砂浆中水量

注　1. 水泥为P.O52.5普硅水泥。
2. 当修补厚度大于1cm时，用中砂（F.M=2.8左右）。
3. NSF剂由南科院研制。
4. 配制前，先按NSF∶水=1∶2的比例配制成浆液待用。
5. 配制时，先将水泥、砂和膨胀剂干拌均匀，然后加入NSF剂与水继续搅拌。

B. 材料物理力学性能。与普通水泥砂浆相比，NSF砂浆抗压强度提高15.8～39.6MPa，抗折强度提高3～4.2MPa，抗拉强度提高1.1MPa，与基面的黏结强度提高1.0MPa（见表7-12）。

表 7-12　　两种砂浆的力学性能对比表

砂浆种类	NSF 砂浆				普通对比水泥砂浆					
砂浆龄期/d	1	3	7	28	90	1	3	7	28	90
抗压强度/MPa	32.5	53.4	75.1	86.7	101.0	12.5	37.6	35.5	60.2	66.9
抗折强度/MPa	6.1	9.1	13.0	13.2	13.4	3.1	7.1	8.0	9.2	9.2
抗拉强度/MPa		4.6		5.4			3.5		4.3	
与老砂浆黏结强度/MPa				3.7					2.7	

4）丙乳砂浆。丙乳砂浆系用丙烯酸酯共聚乳液（NBS）改性的聚合物水泥砂浆。它具有优异的丙乳砂浆物理力学性能见表 7-13，100kg 水泥配制的丙乳砂浆材料用量见表 7-14。

表 7-13　　丙乳砂浆物理力学性能表

聚灰比/%	抗压强度/MPa	抗拉强度/MPa	抗折强度/MPa	抗拉弹模/（$\times 10^4$MPa）	极限拉伸值/$\times 10^{-6}$	与水泥砂浆黏结强度/MPa
0	34.2	5.4	10.5	2.54	228	7.83
5	35.0	7.3	14.5	2.19	336	
10	38.8	7.6	15.1	1.93	470	
12	44.8	7.4	16.5	1.62	538	
13.1	44.7	7.1	16.5	1.56	506	

注　试件养护龄期及方法为 7d 湿 28d 干燥。

表 7-14　　100kg 水泥配制的丙乳砂浆材料用量表

材料名称	水泥	砂	丙乳	水
用量/kg	100	100～200	25～35	适量

注　1. 丙乳外观为乳白色，无沉淀物，pH=2～4；
2. 水泥为 P.O52.5 普硅水泥；
3. 砂最大粒径不大于 2/3 修补厚度；
4. 先将水泥与砂拌匀，再倒入乳液和水搅拌 3min。

5）超早强硅粉混凝土。利用各种能产生早强作用而不影响混凝土正常性能的化学外加剂与硅粉互配互补，开发研制成功 12h 或 24h 抗压强度可达 20MPa 的超早强混凝土。

硅粉是冶炼硅铁合金或工业硅时的副产品。平均粒径约为 0.1μm，密度 2.2～2.5g/cm^3。

主要成分为无定型二氧化硅。混凝土中掺入硅粉即称为硅粉混凝土。硅粉混凝土具有早强、耐久性好、抗冲磨强度高等优点，已被广泛应用于泵送混凝土、水下混凝土、高性能混凝土、喷射混凝土和水工耐磨蚀混凝土。

A. 硅粉混凝土（砂浆）的特性。新拌混凝土（砂浆）的黏性提高，坍落度（稠度）变小；拌和物不易产生离析，可泵性得到改善。

硬化后混凝土（砂浆）的早期强度提高较快；抗冻性、抗渗性好，抗化学腐蚀能力强，抗冲击耐磨性能高。掺入硅粉的喷射混凝土可以增加强度、降低水泥用量，且可减少回弹量。

B. 原材料及配合比要求。

a. 原材料要求：硅粉必须符合《水工混凝土硅粉品质标准暂行规定》。配制水工抗冲耐磨硅粉混凝土（砂浆）的其他原材料应符合《水工建筑物抗冲磨防空蚀混凝土技术规范》（DL/T 5207—2005）的规定。为了减少硅粉混凝土的早期干缩，宜将硅粉配成浆剂使用。

b. 配合比要求：必须掺高效减水剂。硅粉掺量一般为5%～10%。高性能硅粉混凝土的配合比设计，外加剂的掺量、骨料的最大粒径、砂率等参数，要通过试验确定。采用硅粉、粉煤灰或其他掺合料共掺的方案，可减少水泥用量，降低水化热。

耐久性要求高的硅粉混凝土的配制要根据使用条件通过试验确定；为防止氯离子扩散破坏钢筋钝化膜，水泥用量不宜低于300kg/m³，硅粉掺量在水泥用量的5%～10%范围内选定，外加剂掺量及品种要通过试验优化。

6）氯丁水泥砂浆。氯丁水泥砂浆黏结强度高，可省去对原底板混凝土表面凿毛等工艺，施工工艺简单，弹性模量低，适应变形能力强。

氯丁水泥砂浆30d龄期主要力学性能及配合比见表7-15。

表7-15　　氯丁水泥砂浆30d龄期主要力学性能及配合比表

项　目	指　标
抗拉强度/MPa	3.5～4.0
与老混凝土黏结强度/MPa	3.0～4.0
抗折强度/MPa	5.5～8.0
抗压强度/MPa	25～30
抗渗性能（厚5mm）	＞S8
抗渗性能（厚7mm）	＞S12
配合料重量比（甲组分：乙组分）	3：2
材料配合比（重量比）（水泥：砂：配合料）	1：(1～1.5)：0.5
底层灰砂比（厚2mm）	1：1

7）细石锚筋混凝土。细石锚筋混凝土适用大于1m² 面积和修补厚度在5cm以上的部位。其细石混凝土配合比见表7-16。

表7-16　　每立方米细石混凝土配合比表

<table>
<tr><th rowspan="2">水泥品种及标号</th><th rowspan="2">水灰比</th><th colspan="2">外加剂</th><th colspan="4">材料用量/kg</th><th rowspan="2">膨胀剂/kg</th></tr>
<tr><th>品种</th><th>掺量/%</th><th>水泥</th><th>砂</th><th>小石</th><th>减水剂</th></tr>
<tr><td>硅酸盐大坝P.O52.5</td><td>0.270</td><td>减水剂NF</td><td>0.75</td><td>500</td><td>625</td><td>1244</td><td>3.75</td><td rowspan="3">84</td></tr>
<tr><td>硅酸盐大坝P.O52.5</td><td>0.294</td><td>减水剂FDN</td><td>1.0</td><td>500</td><td>600</td><td>1300</td><td rowspan="2">5.00</td></tr>
<tr><td>矿渣P.O42.5</td><td>0.400</td><td>膨胀剂明矾石</td><td>20</td><td>420</td><td>634</td><td>1230</td></tr>
</table>

砂细度模数 2.4～2.6，细石采用 0.5～2.0cm 干净的卵石，必要时可选用特种骨料或另增加钢纤维。

8）喷混凝土（砂浆）。喷混凝土可用于拱顶面或其他特殊作业部位，或常规施工方法不方便的地方，具有施工速度快、节约工时和费用的优点。

三门峡水利枢纽工程泄流排沙底孔共喷射 M50 砂浆 $10000m^2$，喷层厚 5cm，砂浆 $W/C=0.35$，掺加 10%硅粉，0.7%的高效减水剂（FDN），水泥用量 $437kg/m^3$。经泄流考验，年磨损深不超过 1mm，寿命预计可达 20 年，抗磨强度与普通环氧砂浆相近。

9）钢纤维混凝土和浸渍混凝土。钢纤维混凝土和浸渍混凝土的韧性和抗空蚀强度优于常规混凝土，可用作修补材料。钢纤维混凝土在葛洲坝水利枢纽工程二江泄水闸第 27 号孔底板做过现场试验。但作为抗推移质卵石冲磨材料，效果不太理想。

美国陆军工程师团在底特律高速水流试验室曾对普通混凝土、钢纤维混凝土、聚合物浸渍混凝土和钢纤维聚合物浸渍混凝土进行了抗空蚀对比试验，各种混凝土抗空蚀性能见表 7-17。

表 7-17　　各种混凝土抗空蚀性能表

材　料	试样空蚀 75mm 深所需时间/h
普通混凝土	40
钢纤维混凝土	120
聚合物浸渍普通混凝土	120
聚合物浸渍的钢纤维混凝土	196h 后只空蚀深 25mm

从表 7-17 可知，钢纤维混凝土和浸渍混凝土的抗空蚀能力为普通混凝土的 3 倍，而聚合物浸渍钢纤维混凝土的抗空蚀能力更高，但由于施工工艺比较复杂，在我国水利水电工程中仅葛洲坝水利枢纽工程二江泄水闸应用约 $3000m^2$。经运行实践检验，效果并不理想；其原因可能与所采用的施工工艺有关。

用钢纤维混凝土修补泄流面，在国外应用很多，如巴基斯坦塔贝拉大坝在 3 号泄水隧洞消力池斜坡段采用厚 508mm 的钢纤维混凝土修复，效果良好。美国利贝坝溢流坝底孔发生空蚀后，用钢纤维混凝土修复，并加锚筋锚固，表面架设钢筋网，经运用试验，未再发生空蚀破坏。钢纤维混凝土配合比见表 7-18。

10）Ne 环氧砂浆。Ne 环氧砂浆，7d 龄期抗压强度不低于 85MPa，与基面的黏结强度不低于 4.5MPa，且具高抗冲磨（约为 C70 混凝土的 3 倍）和低黏度的特点。由 A、B 两个半成品组分组成，配制时只需将两者拌匀即可。可在常温下施工，不需加热，不黏施工机具，无毒，不污染环境。但亦存在成本高，与基面的变形性能不一致，在阳光和温度长期作用下易脱壳和老化等缺点。Ne 环氧砂浆配合比见表 7-19。

环-Ⅱ型环氧砂浆物理力学性能见表 7-20。

基液配制时，取基液 A 剂和 B 剂各 1 桶，将 B 液倒入 A 液中，搅拌 10～15min。取环氧砂浆 A 剂 1 桶倒入 $0.1m^3$ 拌和机内，初拌 1min 后加 B 剂 1 桶混合，再搅拌 10～15min，即得 20kg 环氧砂浆。

表 7-18　　钢纤维混凝土配合比表

工程及部位	材料用量/(kg/m³)									水灰比	坍落度/cm	纤维含量(体积比)/%	含气量/%	28d 龄期抗压强度/MPa	28d 龄期抗弯强度/MPa
	水泥	水	砂	石	最大粒径/mm	钢纤维		引气剂	减水剂/%						
						用量	规格/mm								
葛洲坝水利枢纽工程泄水闸	538	169	809	938	19	101	ϕ0.3～0.6，长30～60		0.75～1.0	0.32		1.3		55.6	10.1
底特律试验室	400	176			19	83.1	(ϕ0.25～0.50)×25.4			0.44	5～7		4	41.8	
塔贝拉坝消力池斜墙	439	175	856	943	19	72				0.4	4.3		3.9～4.5	42.9	7.0
利贝坝溢流坝底孔	432	173	884	817	19	80	(ϕ0.25×0.56)×25.4	0.123	1.021	0.4		1	5	47.0～55.8	
下莫纽门特尔水闸	348	155	842	866	19	100	ϕ0.41×19	0.26	1.42	0.4	8				4.0～5.9

表 7-19　　　　　　　　　　**Ne 环氧砂浆配合比表（重量比）**

材料	环-Ⅰ	环-Ⅱ	环-Ⅲ	环-Ⅳ	固化剂	新型稀释剂	填料一	填料二	填料三
配比	1.0	0.2	0.03	0.15	0.35	0.2	3.36	1.34	0.15

表 7-20　　　　　　　　　　**环一Ⅱ型环氧砂浆物理力学性能表**

项目	龄期	技术指标		试模尺寸	养护温度/℃
抗压强度/MPa	3d	79.26		20mm×20mm×20mm	23±1
	7d	97.62			
	28d	111.14			
抗拉强度/MPa	3d	9.69		8 字模具	23±1
	7d	14.31			
	28d	15.31			
抗压弹模/GPa	28d	15.79		40mm×40mm×160mm	23±1
黏结强度/MPa	7d	与混凝土	5.12	混凝土黏结用 8 字模，钢板黏结面为 20mm×20mm	23±1
		与钢板	13.82		
	28d	与混凝土	5.23		
		与钢板	18.19		
抗渗	28d	＞P10			23±1
线胀系数	＞40h	26.95×10^{-6}℃	φ10mm×70mm，精度 0.02	φ10mm×70mm，精度 0.02	测试温度 0～70
抗磨强度	28d	7.6kg/m^2	圆环试模	圆环试模	23±1

注　老规范中混凝土的抗渗等级是用 S 表示，新国家规范是用 P 表示。

施工时，先刷基液，厚约 0.3mm，约停 20min 后，即可填补砂浆。当环境温度低于 15℃时，需对基面加热。在环境温度高于或等于 15℃时，养护 7d 即可。

小浪底水利枢纽工程采用此环氧砂浆涂抹面积共 16000 多 m^2，厚度分 5cm 和 10cm 两类。在三峡水利枢纽二期工程过流面不平整缺陷修补中亦使用 Ne-Ⅱ型（环-Ⅱ）环氧砂浆。

11）普通环氧砂浆。常用普通环氧砂浆材料配合比见表 7-21。

在普通环氧中掺入 YH-82 低温固化剂，便可制得在－10℃低温及潮湿环境条件下固化的环氧砂浆。

12）UP 聚酯树脂砂浆（混凝土）。由 307 号（或 306 号）不饱和聚酯树脂（主剂）、过氧化环乙酮糊（引发剂）、萘酸钴苯乙烯溶液加 NN—二甲基苯胺（促进剂）合成基液，加填料（石英粉和细砾）则制成 UP 砂浆或 UP 混凝土。

A. 材料拌制程序见图 7-1。

表 7-21　　常用普通环氧砂浆材料配合比表（重量比）

材料说明		配方编号							备注
		1	2	3	4	5	6	7	
		用于干面	用于温湿面			用于水下			
主剂	环氧树脂	100	100	100	100	100	100	100	
固化剂	590号（改性间苯二胺）		16						590号液体可直接掺用，无需加温溶解
	593号（改性乙二胺）			5					
	酮亚胺								
	苯二甲胺	10							
	810号					32～35			
	MA						10		
	T31							20～30	
增韧剂	聚硫橡胶						20		650号或651号为聚酰胺树脂；304号为不饱和聚酯树脂；二丁酯全称为邻苯二甲酸二丁酯
	650号				80	40		30	
	304号				40				
	二丁酯	15		10					
	煤焦油		50～100		10				
稀释剂	501号					20			501号即环氧丙烷丁基醚；661号为丁基多缩水甘油醚
	661号	15							
偶联剂	KH-560					2			
	661号	2.5						2	
促进剂	DMP-30						1～3		
填料	水泥		150						
	石英粉				70	140～200		800	
	砂子	408	700	适量		420～600	500～700		
	生石灰			200	75	20～30			
	铸石粉	212						1000	
	石棉或玻璃纤维				10				

B. 基材表面和材料硬化过程中要保持干燥，不得进水。

C. 先刷基液，后填砂浆。每层厚 2～4cm，并压实，满足相应部位表面平整度要求。

D. 抹面后，立即覆盖保养 3d，7d 后方可淹水。

E. UP 聚酯树脂砂浆配合比见表 7-22。

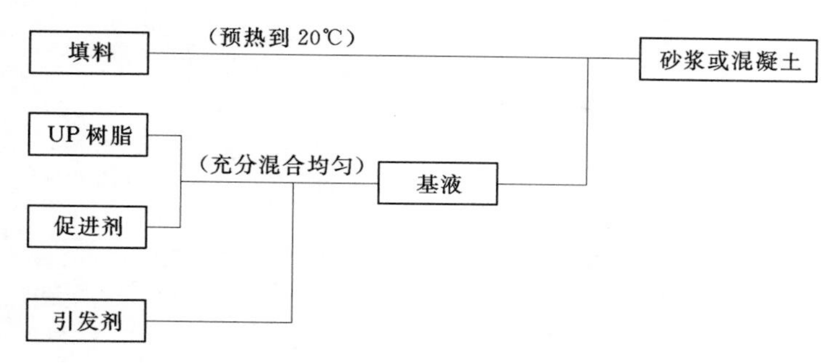

图 7-1　材料拌制程序示意图

表 7-22　UP聚酯树脂砂浆配合比表（重量比）

用量	UP树脂	过氧化环乙酮	萘酸钴	N，N-二甲基苯胺	填充料	
					石英粉	砂
基液	100	2.5	2.5	0.1		
砂浆	100	2.5	2.5	0.1	165	385

F. UP聚酯树脂砂浆物理力学性能见表 7-23。

表 7-23　UP聚酯树脂砂浆物理力学性能表

材料名称	养护条件/℃	力学强度/MPa				抗压弹性量（28d）/(×10^5 MPa)	黏结强度/MPa			抗冲击性能		抗冲磨性能失重/g	
		抗压		抗折			8字模回填抗折	4cm×4cm×16cm模回填抗折	断面描述	锤击次数/次	试样描述		
		7d	28d	7d	28d							7d	28d
UP砂浆	干燥20±2	110	124.4	28.6	33.6	3.53	14.9	5.3	断于水泥砂浆			50.0	53.6

13）PMP聚合物混凝土。由PMP树脂作黏合剂与骨料结合而成的混凝土。其特性有：①在常温下可在数分钟至数十分钟内固化，且可调节；②4h抗压强度可达30MPa以上；③可在水下快速固化，24h水下强度可超过30MPa，水下浇筑无需振捣，自密实；④与老混凝土的黏结强度高，1d可达30MPa。因此，在混凝土快速修补、置换和水下修补中被应用。如丹江口、柘林、孤石滩、东江和新安江等水电工程修复中均有应用。

7.2.2　修补方法

（1）升坎的凿除和磨平。根据平整度控制标准，对升坎高度超过标准要求时，先以风镐凿除，预留0.5～1.0cm保护层，再用手持电动砂轮研磨平整；对凿除超标准的凹坑，不得用锤击、斧砍，只能用砂轮或电动砂轮研磨机磨平。升坎处理施工方法见图 7-2。

当凿除深度大于30～50cm，且面积较大时，可用静态爆破，或控制爆破挖除，并预留保护层。

（2）蜂窝、麻面的凿除和填补。对数量集中、超过规定的蜂窝、麻面，先进行凿除（凿除的深度由所选用的修补材料类型决定），再将凿除面清洗干净，涂刷相应的黏结剂和砂浆，填补后压实抹平，湿养护14d。

对超标准的气泡，先凿成深度不小于2cm的坑，清洗干净，再以水泥预缩砂浆填补。

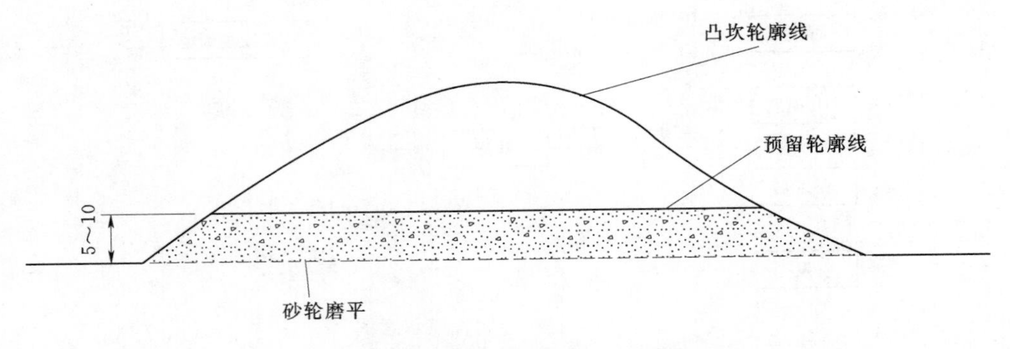

图 7-2　升坎处理施工方法示意图（单位：mm）

若用环氧砂浆填补，凿深应不少于 1cm。一般尽量采用水泥类高强砂浆修补，因为这类材料价廉、易取、方便、无毒且耐久性好。

对上述两类缺陷的处理原则是：多磨少补、宁磨不凿，尽量不损坏建筑物表面混凝土的完整性，以确保工程质量。

凹陷部位的填补跟蜂窝麻面的修补类似，只是对深度较大部位应分层填补。

（3）修补施工方法。

1）硅粉微膨胀水泥砂浆施工。将砂浆分别制成卷装和袋装两种，卷装用无纺布包装成规格 ϕ33mm×330mm 的卷，单卷重约 370g。袋装即塑料布包装，单袋重 5kg。

修补前先将基面清理干净，在饱和面干状态下进行修补。先涂黏结剂（小浪底水利枢纽工程采用 sika 黏结剂）。待砂浆抹完 15min 后，再刷两道薄膜养护剂。

2）NSF 水泥改性砂浆施工。

A. 修补面处理。清除修补面的疏松层、油污、淤泥及一切赃物，用水冲洗干净。表面光滑或薄层修补区须进行凿毛处理，对小面积修补须在修补区边缘凿一道深 2～3cm、宽 3～5cm 的齿槽，以利修补材料与基面的黏结。施工前基底面应饱水 24h，施工时表面潮湿，但无积水。

B. NSF 砂浆的拌制。水灰比应通过现场试拌调整确定，总用水量包括 NSF 浆剂中所含 2/3 的水分。按配比称取各种材料，要求称量正确，尤其是 NSF 剂与水的称量应准确。由于 NSF 砂浆流动度对加水量较敏感，须严格控制已确定的水灰比，不应随意加水。

先将水泥、砂、膨胀剂干拌均匀，然后加入 NSF 浆剂与水继续拌和。宜采用强制式搅拌机或立式砂浆拌和机（拌和时间 3min），如采用人工拌和，开始时拌和料会显得很干，要反复用力压抹，才能越拌越稀，可借助平板振捣器或振捣棒帮助拌匀加快出浆。切忌多加水，水灰比过大会影响 NSF 砂浆的各项性能。

C. 施工程序及养护。先在经过处理的修补面上刷一层 NSF 净浆（净浆配比为水泥：NSF 浆剂：水＝1：0.36 ：0.1）。

在净浆未干之前，立即将 NSF 砂浆摊铺到位，振捣或用力压实抹平，30min 左右后二次抹面收光。

如果施工面为斜面或曲面，施工时应从较低部位开始，然后依次施工到较高部位。如果修补面积过大（大于 20m^2）宜分段、分块间隔施工，以避免干缩开裂。

NSF 砂浆应随拌随用，拌和后宜在 30～40min 内使用完毕。每次拌和量可根据修补面积与施工进度而定。

如在夏天或气温较高，日照强烈，宜选择在早晚无日光直射时间施工。

NSF 砂浆早期干缩偏大，应特别注意加强早期潮湿养护，抹面收光后应立即喷雾养护，约 2h 后即覆盖湿草袋或麻袋或塑料薄膜（周边须密封压紧），并由专人负责保水，使之处于潮湿状态 14d。

3）丙乳砂浆施工。丙乳砂浆施工工艺同 NSF 砂浆。

4）超早强硅粉混凝土（砂浆）施工。

A. 硅粉在运输和储存中应保持干燥，不得受潮，有条件时可在使用前 7d 用机械拌成硅粉浆液待用。配制硅粉混凝土（砂浆）的各种原材料计量要准确，外加剂防止结团，使用前应配成溶液并搅拌均匀。

B. 硅粉混凝土搅拌时间应比常规混凝土延长 30～60s。出机口卸下的混凝土拌和物坍落度有明显差别或拌和物成球状时，均应重新搅拌。

C. 硅粉混凝土（砂浆）一般比较黏稠，出机后应尽量缩短运输中转时间。拌和、出料、运输机具要及时清洗。

D. 硅粉混凝土入仓后要及时摊铺，振捣时间比常规混凝土适当延长，使内部空气完全排出，以混凝土不下沉，不出气泡，开始泛浆为准，振捣器无法振捣的部位必须人工进行捣固密实。

E. 如果硅粉混凝土下部为常规混凝土，应在下层混凝土初凝前浇筑硅粉混凝土，并一起振捣。如分期施工，层间相隔时间不应大于 7d，并应按施工缝处理，在两层混凝土之间埋设插筋。

F. 硅粉混凝土浇筑过程中如发现表面发白或表面水分蒸发速度大于 $0.5kg/(m^2 \cdot h)$，要采取措施，保持浇筑面湿度。抹面时间要通过现场试验确定；要确保早期潮湿养护，使表面始终处于饱水潮湿 21～28d。

G. 应用硅粉混凝土要特别注意加强早期湿养护，有条件时应采用蓄水养护，否则将产生大量裂缝。

5）氯丁水泥砂浆施工。

A. 基层处理。彻底清理基层表面，不得有浮灰、浮浆及污物。现浇水泥混凝土基面至少应有 3d 养护期，抹面前用水充分湿润并用胶乳素灰涂刷一遍。

B. 砂浆的拌和。

a. 水泥加砂充分拌和均匀。

b. 使用前应充分滚动均匀胶乳，称取 YIN－1 胶乳于塑料桶中，充分搅拌均匀，视砂子的含水量加水适量。

c. 胶乳倒入砂灰混合物中，充分拌和均匀即可施工。

C. 修补。

a. 胶乳砂浆施工与普通水泥砂浆施工相似，一般一次施工厚 2cm，立面和仰面一般每次不超过厚 1cm。

b. 胶乳砂浆施工应一次抹平，不宜反复搓压，否则易出现裂纹。

c. 做防水层应不少于1cm厚，做防腐层应不少于1.5～2.0cm。

d. 大面积施工时应留有伸缩缝，一般在5m×10m范围内留一条3～5cm宽伸缩缝，次日再用胶乳砂浆补平。

e. 施工后的8～24h内刷一道胶乳素灰。

D. 养护。

a. 胶乳砂浆采用干湿交替方法养护，气温较高时，抹面后4～8h应在表面覆盖遮盖物，以防水分迅速蒸发而出现裂纹。

b. 采用间歇洒水养护方法，养护期内连续多次洒水，保证水化所需水分。

c. 养护期为28d，如工程急需，养护期应不少于14d。

6）普通环氧砂浆施工。

A. 施工流程：基面检查→基面处理→基面清洁→涂刷底层浆材→涂抹环氧砂浆层→养护→验收。

B. 施工程序。

a. 基面检查。检查混凝土基面有无裂缝渗漏点，再检查基面有无病害或缺陷，有无钢筋头，有无有机物、油漆等其他黏结物，有无油污、"锅巴"等。

b. 基面处理。对基面进行处理，清除有机物、油漆等黏结物，消除油污、"锅巴"等不清洁物质及疏松物。

c. 基面清洁。用钢丝刷、凿子进行处理后用清水冲洗干净，自然晾干。

d. 涂刷底层浆材。必须保证底涂浆材用量0.2～0.3kg/m²。

e. 涂抹环氧砂浆层。涂抹的环氧砂浆按设计要求厚度1.5～2mm，由于实际不均匀，根据现场实际情况找平。

f. 养护。养护期为7d，养护期内不得受水浸泡或外力强冲击。

g. 验收。施工完毕后28d环氧砂浆强度达到90%以上。

7）UP聚酯树脂砂浆（混凝土）补强。

A. 材料拌制程序见图7-1。

B. 基材表面和材料硬化过程中要保持干燥，不得进水。

C. 先刷基液，后填砂浆。每层厚2～4cm，并压实，满足相应部位表面平整度要求。

D. 抹面后，立即覆盖保养3d，凝固7d后方可淹水。

7.3 工程实例

7.3.1 潘家口水库溢流坝

高速过流面，由于设计过流曲线不当，表面不平整、工程质量差或运行管理不善等，常发生空蚀破坏。据实验研究，空蚀破坏与水流流速的5～7次方成正比。空蚀破坏一般产生在泄水建筑物末端反弧段、消能工表面和门槽等部位。

潘家口水库工程溢流坝共18个溢流坝段，单坝段宽18m，设计最大泄量53000m³/s，最大单宽流量200m³/s，V_{max}=31m/s，工程于1985年投入运用，到1991年8月发现第5

孔反弧段出现空蚀坑，面积 13m²，长 7.0m，宽 2.5m，深 0.7m，冲失混凝土 8m³，坑内钢筋网全部剪断冲走。

发生空蚀的原因是：施工中由于滑模板块不平整，接缝处曾用环氧砂浆修补。因抹面控制不严，局部形成高 3～5cm 的突起，是造成空蚀的直接原因。

修复时，先布设螺纹插筋Φ20@60×60，呈梅花形布筋，埋入基岩深 40cm，再浇筑硅粉混凝土。硅粉混凝土配合比见表 7-24。

表 7-24　硅粉混凝土配合比表（每立方米硅粉混凝土材料用量）

品名	水泥	膨胀剂	沙	小石	中石	混合液	水
用量/kg	270	30	739	606	606	87	64

注　混合液配比是：硅粉 30kg，减水剂 $H_1$1.8kg，引气剂 ELR1.2kg，水 140kg。

硅粉混凝土现场取样强度成果见表 7-25。

表 7-25　硅粉混凝土现场取样强度成果表

材料类别	抗压强度/MPa		抗折强度/MPa	
	7d	28d	7d	28d
硅粉砂浆	56.9	57.8	7.5	9.1
硅粉混凝土	28.3	43.2		

潘家口水库溢流坝修补的实践经验是：硅粉混凝土（砂浆）优于环氧砂浆（产生裂缝而脱落），具有价廉、施工方便、强度高、效果好等特点。

较小空蚀坑则采用丙乳聚合物水泥砂浆（混凝土）配合比见表 7-26。

表 7-26　丙乳聚合物水泥砂浆（混凝土）配合比表

种类	水泥	砂	丙乳	膨胀剂	小石	混合液	水
砂浆	14	28.3	4.3				1
混凝土	81	146.4		1	24.3	28	15

注　混合液由硅粉、减水剂（ZLR）、丙乳和水混合而成。

7.3.2　三门峡水利枢纽工程

（1）悬沙磨损概况。三门峡水利枢纽工程泄水排沙建筑物过流流速一般为 14～18m/s，汛期平均含砂量 52.4kg/m³，洪峰期大于 200kg/m³，最高达 911kg/m³。泥沙中石英含量高达 90%～95.2%，呈尖角形，对混凝土过流面具有极大的破坏力。经过几个汛期运用，C20 混凝土磨深一般达 5cm 以上，最深达 8～15cm。

（2）修补材料及其抗磨强度。在水流流速及含砂量不变的条件下，材料的抗磨强度取决于材料本身的硬度（摩氏硬度）。而对非均质材料（砂浆和混凝土），则除取决于所用骨料的硬度外，还与所用胶凝材料的内部凝聚力（即连接骨料的黏结强度）有关。同样，骨料水泥混凝土的抗磨强度低于环氧等聚合物混凝土，就是证明。

三门峡水利枢纽工程的实践表明，抗悬沙磨损材料由强到弱依次为：铸石板—环氧砂浆（含其他聚酯砂浆）—铸石砂浆（混凝土）—高标号混凝土（含硅粉混凝土）—高标号砂浆（含水泥改性砂浆）—钢板（摩氏硬度仅 2.5～3，而石英砂则高达 7）。

三门峡水利枢纽工程3号底孔1973年5月在底板涂抹$100m^2$、平均厚10cm的水泥石英砂浆做试验。水灰比0.35，灰砂比1∶1.015，水泥用量$888.6kg/m^3$。经7年运用，至1980年11月，累计运用8776h，仅磨深3～4cm。其表面比同时抹面的C30混凝土高出18～24cm，证明前者为后者抗磨强度的数倍（室内试验成果约5倍）。

同时还做过喷射高强水泥砂浆试验。砂浆水灰比为0.35与混凝土面黏结强度不小于2.0MPa，喷层厚5cm。所用水泥为普硅P.O52.5，天然河砂（F.M=2.6～3.0，成分以石英为主）。水泥用量$437kg/m^3$，硅粉掺量为10%，FDN掺量0.7%，灰砂比1∶3.18，容重为$2270kg/m^3$。现场取样$R_{cp}=55MPa$，$R_p=3.45MPa$。在通风不畅和有水的条件下，采用水泥裹砂法湿喷，喷后即压面。在底孔边墙共喷面10000余m^2。经泄流考验，年磨损小于1mm，无剥落，无裂缝，预计寿命可达20年，其造价仅为环氧砂浆的1/10。

7.3.3 渔子溪二级水电站排沙洞

渔子溪二级水电站排沙洞位于闸坝左岸，为原导流洞改建成的龙抬头式排沙洞（见图7-3）。

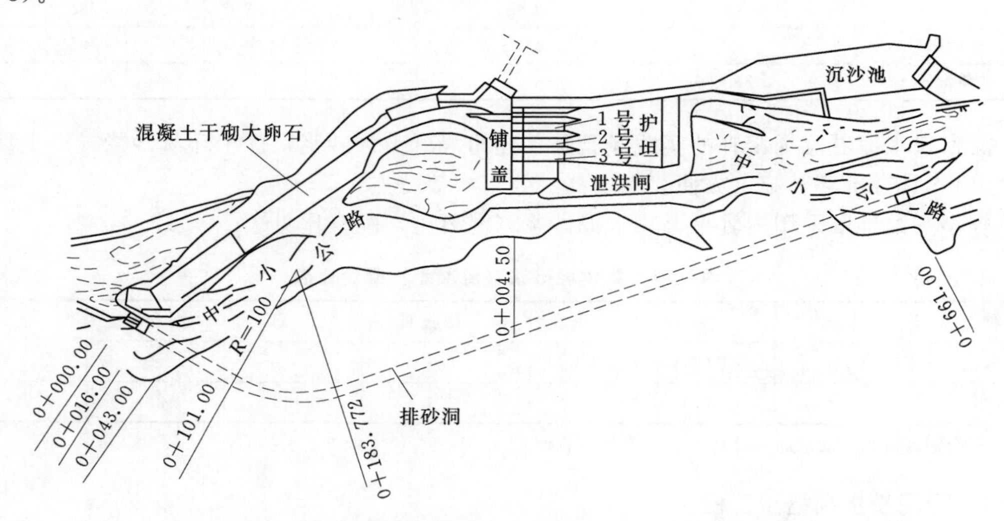

图7-3　渔子溪二级水电站导流排砂洞平面布置图

排沙洞最大下泄流量$363m^3/s$，最大流速30m/s，年推移质下泄量24万t，平均粒径25cm，最大粒径100cm以上。为抵御推移质冲磨，在桩号0+000～043.00（进口渐变陡坡段）和0+101.00～0+173.77（弯道段）底板用厚20mm钢板镶护，边墙下部高1.0m范围内用厚12mm钢板衬护。其余洞段底板用厚40cm、C30混凝土衬砌。

水电站自1985年5月投入运用以来，到1992年12月，共进行5次检查和3次修补。检查发现，原镶护钢板和衬砌C30混凝土遭到极为严重的破坏。为此，1988年、1991年和1993年先后进行过3次修补，冲磨和修补情况分别见表7-27、表7-28。

从众多遭受推移质冲磨破坏的工程实例可知，抗推移修补材料最好的是复合材料，如钢轨间铺填高标号钢纤维混凝土、花岗岩条石等。其他抗冲磨材料还有钢板、铸铁板、高强混凝土、硅粉混凝土等。

表 7-27　　渔子溪二级水电站排沙洞冲磨情况表

日期	冲磨破坏概况
1987 年 11 月	0+053.00～0+101.00 底板普遍冲磨 10～30cm，上层钢筋部分断开。0+101.00～0+151.00，20cm 护面钢板冲毁，混凝土冲深 5～15cm
1990 年 4 月	0+043.00～0+053.00 护面钢板被冲磨出数个小洞。0+053.00 以下左边墙形成 3.0m×1.0m×1.0m 的冲坑。其余底板冲深 10～30cm，钢筋断开或裸露；0+101.00～0+151.00，钢轨间混凝土冲深 3～5cm
1990 年 12 月	0+043.00～0+053.00 镶护钢板全部冲毁，边墙钢板冲失 50%。0+043.00 以下，左边底板冲出 0.9m×1.2m×1.2m 的槽，双层钢筋断开，呈顺水流向弯曲状。0+052.00 处冲磨严重，钢筋外露 1.6m。0+069.60以后，底板冲深 10～30cm，但无冲坑。0+101.00～0+151.00 钢轨间混凝土冲深 5～8cm
1992 年 3 月	0+43.00 以后左侧冲出 1.7m×1.65m×0.25m 的冲坑。0+073.00～0+101.00 之间钢轨 20%被冲毁，其余部分基本完好
1992 年 12 月	0+043.00 以下左右各冲出一条坑，左坑 5m×2.7m×1.55m，右坑 3.2m×1.8m×0.7m。左坑后冲出一条长 20m、宽 0.5～0.8m、深 0.15～0.40m 的间断冲沟。0+073.00～0+101.00 竖向钢轨全被冲断。底板普遍冲深 5～15cm。0+183.772～0+330.00 左底板冲出宽 0.5～1.0m、深 0.3～0.8m 的连通冲沟。0+330.00～0+661.00 左底板冲出宽 0.3～0.8m、深 0.15～0.3m 的间断冲沟

表 7-28　　渔子溪水电站排沙洞 3 次修补情况表

年份	修补概况
1988 （首次修补）	1—4 月，对 0+053.00～0+101.00 上层钢筋按设计要求予以恢复，浇 C40 硅粉混凝土。0+101.00～0+151.00 段，采用 15kg/m 轻轨，轨间填 C40 硅粉混凝土，轨间距 40cm
1991 （第二次修补）	3—6 月，对 0+043.00～0+073.00 段底板铺 18kg/m 轻轨，轨间充填 C60 钢纤维硅粉混凝土。0+073.00～0+101.00 段底板竖埋单根 18kg/m 钢轨。钢轨纵向间距 100cm，横向间距 70cm，轨面向上游，高出底板 60cm，下埋 40cm，并将每根钢轨下埋部分焊接在 ϕ25mm 锚筋上，轨间填 C60 钢纤维混凝土。 0+187.70～0+198.00 填 C60 钢纤维混凝土； 0+198.00～0+251.00 用 C50 硅粉混凝土填补； 0+251.00～0+561.00 用 C40 硅粉混凝土填补； 0+561.00～0+661.00 用 C60 硅粉混凝土填补
1993 （第三次修补）	3—5 月，对 0+043.00～0+071.00 采用重轨（43kg/m）顺流向铺设，间距 23cm。其目的是使推移质大颗粒从重轨顶上滚动、滑动而无法跳跃冲砸混凝土底板。钢轨与其下部的∟125×10 横向角钢（间距 1m）焊接，角钢又与锚筋焊接。钢轨间填 C60 钢纤维混凝土。 0+071.00～0+101.00 铺设 18kg/m 轻轨，间距 23cm，并与下部∟70×7 角钢（间距 1m）焊接，角钢与Φ25@50 锚筋焊接。轨间填 C60 钢纤维混凝土。 0+183.80～0+330.00 左侧冲沟用间距 20cm 的 18kg/m 的轻轨，轨间填 C60 钢纤维混凝土。 浇轨间混凝土后，再在轨面上衬护长 5.0m，厚 16mm 的钢板

附表1 主要修补材料（灌浆）一览表

类别	名称	主要组分	材料特性	适用条件	施工工艺要点	应用工程
水泥系列	预缩水泥砂浆	P.O52.5普硅或硅酸盐水泥掺高效减水剂	强度高，可达C50左右，施工方便	用于小面积空蚀、冲磨坑、洞、槽、沟修补，或大面积，厚3～5cm修补	$W/C=0.3$左右，补深大于5cm时，应分层填补，拍打密实，至表面泛浆。基面涂刷$W/C=0.4\sim0.45$的浓水泥浆黏结剂。材料拌制后归堆预缩30～90min	应用广泛
	石英水泥砂浆	P.O52.5普硅或硅酸盐水泥、石英砂、高效减水剂	C60～C70的水泥石英砂浆，抗磨强度为C30混凝土的5倍。原型观测表明，在$V=14\sim18m/s$，平均含沙量在$80\sim100kg/m^3$的条件下，厚10cm的C60水泥石英砂浆抗磨层可经受1万～1.5万h的冲磨	用于悬沙磨损部位修复，亦可用于大面积修补	工艺同预缩砂浆。三门峡水利枢纽工程用$W/C=0.35$，$C/S=1:1.015$，水泥用量$888.6kg/m^3$	三门峡水利枢纽工程底孔等
	铸石砂浆（混凝土）（包括辉绿岩、玄武岩及化铁炉渣铸石）	P.O52.5普硅或硅酸盐水泥、各类铸石、高效减水剂	有较高的抗悬沙磨损特性，既利用了铸石硬度高（摩氏7°～8°）抗磨的特点，又避开了镶护铸石板易被整体掀掉的缺点，曾荣获原水利电力部科技进步二等奖。材料费用仅为环氧砂浆的1/9，施工速度快20倍以上。葛洲坝水利枢纽工程二江泄水闸修补面积1万m^2，年磨深仅0.3～1.2mm，抗磨强度与环氧砂浆相近	用于以悬沙磨损为主的部位修复	工艺同预缩砂浆	葛洲坝水利枢纽工程二江泄水闸、三门峡水利枢纽工程底孔等
	硅粉混凝土（砂浆）、早强硅粉混凝土、超早强硅粉混凝土（砂浆）	P.O52.5水泥、硅粉、微膨胀剂	在不增加水泥用量的前提下，掺入适量的硅粉，强度可提高1倍，抗空蚀强度提高5倍。控制掺加剂掺量，可制得C50～C80高强硅粉微膨胀水泥砂浆（混凝土）。目前，已制得12h强度达20MPa的超早强混凝土	主要用于抵御悬沙和推移质冲磨的泄水道修补	小浪底水利枢纽工程填补前先刷Sika黏结剂（瑞士Sikadur公司香港分公司提供）	小浪底水利枢纽工程、石棉二级水电站冲沙闸
	钢纤维混凝土（砂浆）、钢纤维硅粉混凝土	P.O52.5水泥、钢纤维、硅粉	掺入钢纤维后可明显改善混凝土的脆性，提高其抗冲击韧性。据现场试验，当钢纤维掺量为0.5%时，混凝土的抗空蚀强度可提高10倍，抗冲击强度提高1.75倍。钢纤维硅粉混凝土强度可达C70以上。据湖南竹园水库溢洪道应用，钢纤维硅粉混凝土抗冲磨强度是C20混凝土的5倍，C30混凝土的3倍	主要应用于抗推移质冲击的泄水道修补，亦可作为抗空蚀修补材料	将钢纤维均匀地掺入混合料中，防止纤维结团，并适当增加拌和时间。抹面要精心操作，增加抹面次数和时间	葛洲坝水利枢纽工程二江泄水闸、渔子溪水利枢纽工程等

续表

类别	名称	主要组分	材料特性	适用条件	施工工艺要点	应用工程
水泥系列	喷射高强水泥砂浆	P.O52.5 水泥、河砂、硅粉、FDN减水剂	砂 $FM=2.6\sim3.0$，$W/C=0.35$，单位水泥用量437kg/m³，硅粉掺量10%，FDN0.7%，灰砂比（C/S）1∶3.18，容重2270kg/m³。现场取样达C55（平均），$R_p=3.45$MPa，与基材的黏结强度2.0MPa	抗悬沙磨蚀的泄水道修补	水泥裹砂法湿喷，喷后即进行压面，满足平整度要求	三门峡水利枢纽工程泄流排沙底孔边墙共喷1万m²
复合型	钢轨间嵌填高标号混凝土（硅粉钢纤维混凝土）、花岗岩条石、铸石砖等	P.O52.5 水泥、钢轨、花岗岩条石、高标号钢纤维硅粉混凝土、铸石砖等	复合型抗冲击材料	抗推移质冲磨的良好材料	钢轨要埋设牢固，铸石砖、条石等要嵌镶良好，否则易被整体冲失	南桠河水电站、石棉二级水电站冲沙闸、渔子溪水利枢纽工程排沙洞
钢铁系列	钢板、铸铁板		强度高，韧性好，具较高的抗冲击能力。厚20mm的钢板，一般可应用8～14年。铸铁板稍逊于钢板	抗推移质冲击的泄水道	镶护必须密实、牢固，并确保回填灌浆质量，否则易被冲失	石棉二级水电站冲沙闸、渔子溪水利枢纽工程排沙洞
铸石系列	铸石板、铸石砖	辉绿岩铸石、玄武岩铸石、化铁炉渣铸石	此类材料的主要矿物成分以石英为主，摩氏硬度达7°～8°，抗悬沙磨损能力是所有材料中最高的。辉绿岩铸石板在 $V=25\sim29$m/s，平均含沙量50～60kg/m³ 的条件下，可安全运用5000h以上	抗悬沙磨损的泄流面衬护或修复	镶护工艺要求严格，砌筑必须密实，否则易整块冲走	三门峡水利枢纽工程泄水道等
聚合物水泥改性系列	NSF砂浆	P.O52.5水泥、中粗砂（$FM=2.8$）、NSF剂	比普通水泥砂浆抗压强度提高15～39MPa，抗拉强度提高1.1MPa，1d龄期抗压强度可达33MPa，抗冲磨强度约提高50%	抗空蚀、抗冲磨材料	砂浆配比为水泥∶砂∶膨胀剂∶NSF＝1∶2∶0.1∶36，并先将NSF与水按1∶2配制成浆液，工艺同水泥聚合物砂浆	葛洲坝水利枢纽工程二泄水闸、下寨河水电站、海南牛跻岭水电站等
	丙乳砂浆（PAE或NBS砂浆）	P.O52.5 水泥、丙乳（NBS）	以丙乳/水泥＝10%为例，抗拉强度可达7.6MPa，与基材的黏结强度达7.83MPa，极限拉伸值为 470×10^{-6}，抗拉弹模为 1.93×10^4MPa	用作溢流面冻融破坏后的修复和防渗材料	配比为水泥∶砂∶丙乳∶水＝1∶1～2∶0.25～0.35∶适量	已应用于100多项工程
	氯丁砂浆（CR）	P.O52.5 水泥、氯丁乳液（CR）	与普通水泥砂浆比，抗压强度降低10%左右，极限拉伸值提高1～2倍，弹模降低10%～50%，与基材黏结强度提高1～3倍，抗裂和抗渗性能大幅提高，抗冻性达F300以上	同丙乳砂浆	氯丁乳胶掺量为10%～15%，$W/C=0.3$左右，另掺微量稳定剂和消泡剂	应用广泛

续表

类别	名称	主要组分	材料特性	适用条件	施工工艺要点	应用工程
聚合物系列	普通环氧砂浆及混凝土	E44环氧树脂（主剂）810号（水下固化剂）T31（水下固化剂）YH-82（低温固化剂）CJ-915（弹性固化剂）590号（常用固化剂）593号（常用固化剂）650号（活性增韧固化剂）304号（活性增韧固化剂）聚硫橡胶（活性增韧固化剂）501号（活性稀释剂）690号（常用稀释剂）KH-560（偶联剂）DMP-30（促进剂）	抗压强度55～110MPa，抗拉强度9～20MPa，极限拉伸率15%，线胀系数$25\times10^{-6}\sim30\times10^{-6}$℃。强度高、韧性好、抗冲磨性能高，与基材的黏结强度高。有毒，与基材的变形性能（线胀系数和弹模）不一致，在温度变化和阳光照射下，材料本身易脱壳、起泡（如新安江水电站厂房顶）和老化 青铜峡和安康水电站所用环氧混凝土，系在环氧砂浆中加入$d=5\sim20$mm的小石制成的，现场试验成果是：与基材的黏结强度4MPa（有水潮湿面为2～3MPa），抗冲磨强度约为混凝土的2～3倍。安康水电站泄洪排沙底孔等共用环氧砂浆抹面2598m²，经多次过流考验，未见破坏。对右排沙底孔未用环氧砂浆抹面而形成的4m×3.5m的冲坑（最大深0.9m），采用环氧混凝土修补后，经多年运用，质量良好	一般适用于水下（地下）工程修补，亦可作为抵御推移质冲击和悬沙磨损（可掺入石英等硬骨料），以及抗空蚀的修补材料。掺入不同的固化剂可制得不同用途的材料	施工中忌水，基面先烤干，补后7d不应水泡	广泛应用
	Ne环氧砂浆	Ne环氧树脂、固化剂、新型稀释剂	7d龄期抗压强度可达85MPa，与基材黏结强度可达4.5MPa，可常温配制，无需加热，低毒，不污染环境	悬沙冲磨为主的过流面护面和修补	施工时，当环境温度低于15℃时，需对基面加热	小浪水利枢纽工程底泄流面共用Ne环氧砂浆1.6万m²，分5cm和10cm厚两种
	1438—麦斯特环氧胶泥		改性1438环氧加水泥配制而成，物理力学性能好	抗冲磨泄流面修补	施工方便，在常温刷涂即可	三峡水利枢纽工程大坝底孔
	不饱和聚酯树脂（UP）砂浆及混凝土	304号（或306）不饱和聚酯树脂（主剂）、过氧化环乙酮糊（引发剂）、萘酸钴苯乙烯溶液和NN——二甲基苯胺混合溶液（促进剂）	7d龄期抗压强度可达110MPa，抗折28.6MPa，但抗压弹模仅3.35×10^2MPa，且抗冲磨性能亦大大高于水泥类材料 主要缺点是：材料价高，有毒，与水泥类基材变形性能不一致，抗老化性能不如普通水泥类材料	抗悬沙冲磨修补及护面	施工中要保持基面干燥，养护3d，7d后方可进水	葛洲坝水利枢纽工程二江泄水闸等

续表

类别		名称	主要组分	材料特性	适用条件	施工工艺要点	应用工程
裂缝灌浆材料		水泥灌浆	P.O52.5 磨细水泥、高效减水剂、硅粉	水泥为颗粒性材料，采用超磨细水泥（粒径2.07～5.0μm），并在浆液中掺入高效减水剂和微量硅粉	一般仅能灌入δ≥0.2mm的裂缝，超磨细水泥加硅粉，水胶比控制在0.6以下，可灌入δ<0.1mm的发丝细缝		超细水泥掺硅粉在小浪底水利枢纽工程应用
	化学灌浆	普通环氧	E44环氧树脂、丙酮、糠醛、乙二胺和苯酚	与混凝土的黏结强度、材料本身抗拉强度和变形性能、可灌性均优于水泥类灌材。但有毒，亦可污染环境	可灌入δ≥0.2mm的裂缝。因浆液比重略大于水，可以浆顶水，故亦可用于灌注有水裂缝		广泛应用
		E44改性环氧	E44环氧树脂、丙酮、脂肪胺、AA添加剂和苯酚	浆液硬化不收缩，固化体无毒，黏度低（依配方不同而异），可灌性好。灌材不但能沿渗透面充填黏结，而且浆液形成的防腐膜可有效地保护钢筋不发生锈蚀	混凝土裂缝灌浆	同普通环氧灌浆	广州地铁、广东抽水蓄能电站应用
		SK-E改性环氧	共3种配方	浆液具亲水性	可灌入δ=0.05mm的细缝，具亲水性		十三陵抽水蓄能电站上池面板坝混凝土面板
		Sikadur752改性环氧		渗透性强，无硬化收缩，可使用在3～40℃气温下	可对最短龄期3～6周混凝土所发生的δ=0.2～5mm裂缝进行化灌		小浪底水利枢纽工程
		GF改性环氧	E44环氧树脂、丙酮、糠醛、脂肪胺	黏度低（1.12～34.5MPa·s），强度高	δ≥0.5mm的裂缝；δ<0.5mm的裂缝	δ≥0.5mm采用内部化灌；δ<0.5mm采用喷涂自渗	小浪底水利枢纽工程
		CW改性环氧	CYD型环氧树脂、CD固化剂、表面活性剂TP	配制简单，可灌性好，浆材在干燥、潮湿和水中都能很好固化，且毒性较低，起始黏度14MPa·s	适灌缝宽0.15～0.30mm		三峡水利枢纽工程
		EFN弹性环氧		该浆材具弹性，压缩变形达65%～58%，黏结强度达4.0～5.1MPa	适灌缝宽0.2～0.4mm		厦门海沧大桥锚碇墩
		双组分普隆灌浆材料		高渗透力和低黏度，能快速凝结（气温小于10℃时为50s），与混凝土的黏结强度为2MPa，凝胶体抗压强度达80MPa	用于有水裂缝灌注	为双组分材料，进行自渗灌注	小浪底水利枢纽工程

续表

类别		名称	主要组分	材料特性	适用条件	施工工艺要点	应用工程
裂缝灌浆材料	化学灌浆	水溶性聚氨酯HW、LW	成品	HW强度高，主要用于裂缝化灌；LW弹性好，主要用于防渗堵漏。两者可以任意比例互溶，以满足不同目的的化学灌浆要求	HW主要用裂缝灌浆，LW主要用于防渗堵漏		广泛应用
		MU无溶剂浆材	丙烯酸酯、聚氨酯预聚体、复合固化剂	集甲凝、环氧和聚氨酯浆材的优点于一身，固化体积不收缩，与基材黏结强度高	可灌入$\delta=0.05$mm的发丝细缝	同常规化灌	白石窑水电站、水口水电站、青铜峡水电站
		甲凝	甲凝丙烯酸甲酯（主剂）、丙烯酸（亲水增韧剂）、对甲苯亚磺酸（除氧剂）、二甲基苯胺（促进剂）	黏度低（低于水），可灌性好，但固化过程中体积有收缩。比重低于水，不能灌注有水裂缝	适用灌注$\delta=0.05\sim0.1$mm的发丝细缝	分单、双液灌注	葛洲坝水利枢纽工程、青铜峡水电站、刘家峡水电站、潘家口水库
堵漏灌浆材料		热沥青灌浆	100号道路沥青、60号道路沥青、30号建筑石油沥青、75号普通石油沥青、SBS热塑料弹性体（改性剂）	热沥青不与水互溶，不会被水稀释而流失，不怕漏水流量大、流量高，浆材利用率高。采用低压灌注，沥青随水流动，可自动跟踪而充填漏水通道	堵漏灌浆	灌浆机具简单，可在低温和负温环境下施工	李家峡水电站上游围堰、嶂山闸水利工程闸墩伸缩缝和广东花山水电站导流洞堵头等工程漏水部位成功应用
		水溶性聚氨酯LW	环氧乙烷和环氧丙烷共聚的WPE聚醚异氰酸酯（成品）	为橡胶状弹性体，胶凝时间可由胺类催化剂控制，渗透系数$K=10^{-9}$cm/s，具自膨胀性能，有一定强度，堵漏性能优越	主要用于各类永久缝止水和渗水裂缝止水		广泛应用
		丙凝及丙凝—水泥混合液	丙烯酰胺（主剂）	固化体具有弹性，抗渗性能好，凝固速度快并可得到控制。有失水干缩和再次遇水膨胀性能，适于防渗堵漏。丙凝—水泥混合浆液则具有一定强度	丙凝—水泥灌浆用于防渗堵漏且有某种强度要求处，多用于孔洞堵漏	双液灌浆	广泛应用
		水玻璃及水泥—水玻璃	硅酸钠	能在数秒内凝固，堵死漏水通道，但强度低。掺入一定水泥后，强度得到改善	主要用于孔洞堵漏		广泛应用

续表

类别	名称	主要组分	材料特性	适用条件	施工工艺要点	应用工程
堵漏灌浆材料	氰凝	预聚体、丙酮、催化剂（三乙胺）	为高性能聚氨酯防渗材料，是一种含有端异氰酸酯的氨甲基甲酸酯低聚物与添加剂所组成的材料。当灌入有水缝时，迅速与水反应，生成不溶于水、不透水的凝胶体。反应中生成二氧化碳，边膨胀，边凝固，从而达到堵水的目的	防渗堵漏		五强溪水电站等
嵌缝止水材料	SR塑性止水		弹性好，抗渗性高，且具有一定黏结强度	主要用于面板坝伸缩缝和裂缝嵌缝止水（冷施工）		广州抽水蓄能电站上库大坝等众多工程
	GB止水材料		与SR相近	主要用于伸缩缝、接缝和裂缝防渗止水（冷施工）		西北口水库混凝土面板坝等
	弹性聚氨酯	N_{220}聚醚树脂、蓖麻油	弹性较好，抗渗性能高，不同配方的性能差异很大	不掺填料（石英粉、水泥等）的亦可作为灌浆材料，用于伸缩缝防渗止水；掺加填料的，则只能作为嵌缝材料		葛洲坝水利枢纽等工程
	PUI弹性密封膏	成品	可冷固化、液态施工，可牢固与潮湿面黏结	嵌缝止水		广泛应用
	901号堵漏剂	成品	由无机和有机材料复合而成的反应型快速堵漏嵌缝材料，具速凝、早强和抗渗特性	嵌缝止水		
沉柜中修补材料	氯偏水泥改性砂浆	P.O52.5水泥、氯乙烯—偏氯乙烯共聚乳液	1d抗压强度可达12MPa，7d达50MPa。修补后1～2h即可泡水，且在长期水泡条件下强度发展正常。材料无毒，价廉（约为普通环氧砂浆的1/15）	主要适用于水下沉柜中修补、冲坑深3～5cm的大面积修补和局部深大于5cm的混凝土表面修补	修补后1～2h即可泡水	葛洲坝水利枢纽工程泄水闸检修等
	水下固化环氧砂浆	E44环氧树脂、810号水下环氧固化剂或T31水下环氧固化剂、KH-560偶联剂	可在水下正常固化，修补后3～5h即可进水。7d抗压强度可达88.9MPa，抗冲击韧性和黏结强度均高于普通水泥砂浆和改性水泥砂浆，弹性模量较低（E=136kPa）	适用于水下沉柜或其他快速有浸水要求部位修补	修补后3～5h即可泡水	葛洲坝水利枢纽工程二江泄水闸修补等

附表2　混凝土缺陷修补常用机械（设备）一览表

用　途	名　称	主要技术性能
混凝土裂缝化学灌浆	手掀泵、化学灌浆泵	灌浆压0.70～15MPa，供浆量6～32L/min，重7～80kg
混凝土裂缝及密实性检测	岩石声波测定仪	型号多种，性能各异
低强混凝土检测和表层混凝土密实性检测	回弹仪	重1～8kg，冲击动能0.2～3.0kg，钢锤重0.37～2.0kg
适用水深2.5～12.5m、平底或斜坡不大于1/12泄水建筑物底板混凝土缺陷水下检查及修补	气压式自浮沉柜（葛洲坝1号）	装配总高17.915m（含2.6m测杆），总重93t，总浮力106t，移位所需推力160kg，一次检查（含修补）面积可达30m^2

注　化学灌浆专用泵型号多种，性能差异很大。

附表3　常用材料物理力学性能指标表

名称	容重/(g/cm^3)	抗压强度/MPa	抗压弹模/GPa	抗拉强度/MPa	黏结强度（与混凝土）/MPa	黏度/(MPa·s)	线胀系数/(×10^{-6}/℃)	极限拉伸率（收缩率）/%
普通环氧砂浆及混凝土	2.0～2.5	55～110	0.5～20	9～20			25～30	0～15
聚酯砂浆及混凝土	2.0～2.5	55～110	2～10	8～17			25～30	0～2
聚合物改性水泥砂浆	2.2～2.5	10～80	1～30	2～8			8～20	0～5
水泥砂浆及混凝土	2.3～2.5	20～70	20～30	1.5～3.5			7～12	0
普通环氧树脂浆材	1.0～1.2（比重）	80～100	2.3～4.2（拉模）		1.7～2.0（干）1.1～1.9（湿）	≤10		2～3
甲凝浆材	＜1.0	70～80	2.9～3.2（拉模）		2.0～2.8（干）1.7～2.2（湿）	约1.0		15～20
HW浆材	1.1	＞10		7.7（轴拉）	2.1～2.8（干）1～1.3（湿）	40～100		2～4